KB267655

# 우 리 집
# 다육식물
# 이름알기

# 우 리 집 다육식물 이름알기

원종희(자운영) · 월간 플로라 편집부

감수 윤평섭

플로라

오랜 시간을 보아도 싫증 나지 않고 볼수록 아름다운 추억들을 되새기게 하는 소중한 것들이 있다면 저에겐 다육식물들이라고 생각됩니다. 저마다 특이한 모양에 색마저 고운 다육식물들을 키우는 일이 내 일이 되어 날마다 이것들을 볼 수 있으니 저는 참으로 행복합니다.

다육식물을 처음 접하게 된 것은 큰 아주버님이 주신 화월(염자,염좌)이라는 식물이었고 두번째는 옆집 아저씨가 주신 흑괴리라는 식물이었습니다. 물론 당시에는 식물 이름도 또 다육식물이 무엇인지도 몰랐습니다. 사랑하게 되면 이름을 알고 싶은 것은 당연한 일이겠지요? 나중에 이름을 알고 싶어서 사람들에게 물어보았는데 알려 주시는 분들마다 이름이 달라 혼돈스러울 때도 있었습니다.

제가 다육식물을 키우기 시작할 때와 똑같은 어려움을 느끼실 입문자 분들을 위해 낸 첫 번째 책 "우리집 다육식물 키우기"를 발행한 지 2년의 세월이 지났고 그동안 분에 넘치는 사랑을 받았습니다. 더 많은 것을 원하는 일부 마니아들에겐 너무 쉽다는 평을 받았지만 처음 다육을 접하는 분들에게 많은 도움이 되었다는 칭찬도 받았습니다. 그 책의 후반부에 도감형식으로 다육들의 사진과 이름을 실었는데 많은 분들이 이 부분을 참조하여 자신이 기르는 다육의 이름을 찾게 되었고 더 많은 것들이 실렸으면 하는 아쉬움을 말씀해 주셨습니다.

이에 용기를 내서 두 번째 책인 〈우리집 다육식물 이름알기〉를 만들게 되었습니다. 물론 이 책에서도 모든 품종을 다 담을 수는 없었습니다. 많은 애호가에게 사랑을 받는 소형 위주의 인기 품종들과 돌나물과(Crassulaceae)의 품종을 위주로 소개하였습니다. 다육들의 이름을 몰라서 답답할 때 찾아보시고 제대로 된 이름을 불러주는 데 도움이 되기를 바랍니다. 더 다양한 품종들을 담은 사전은 기회가 닿으면 도전하고 싶은 일입니다.

저는 식물학자는 아닙니다. 그저 식물을 좋아하는 한 사람일 뿐입니다. 이런 저런 식물을 많이 길러보고, 이름도 알아보고, 가끔은 학명까지 알아보게 되었습니다. 그리고 서적에서 혹은 인터넷으로 공부한 다육식물들의 이름과 학명들을 정리해 보았습니다. 이 책에 싣는 정보는 제가 공부한 자료를 토대로 수집한 내용들입니다. 참고한 자료가 잘못되었거나 잘못 표기하여 독자들께 틀린 정보를 전해 드릴 수 있다는 불안감에 여러 번 확인하며 최선을 다하였습니다만 혹시 잘못된 곳을 발견하신다면 언제라도 연락 주시기 바랍니다. 기회가 되는 대로 수정하도록 하겠습니다.

학명을 포함한 책을 만든다는 것이 이렇게 힘든 일인 줄 몰랐습니다. 앞서 참조할 수 있는 책을 만드신 분들께 존경과 감사를 보냅니다.

이 책의 감수를 맡아 틀린 부분들을 바로 잡아주신 삼육대학교 환경그린디자인학과 명예교수 윤평섭 교수님과 많은 도움을 주신 카페 '식물과사람들'의 가필드님을 비롯한 회원여러분께 감사를 드립니다. 이 책이 다육식물을 사랑하시는 독자님들이 키우는 귀엽고 소중한 식물들의 이름을 찾는 데 도움이 되기를 바랍니다.

독자님들에게 식물 사랑을 통한 행복이 항상 함께 하기를 빕니다.

서산에서 원종희 (자운영)

# 알고 보면 재미있는
# 학명이야기

식물의 분류체계는 계·문·강·목·과·속·종·아종·변종·품종으로 이루어져 있습니다.
계, 문, 강, 목의 분류는 원예재배에서 이러한 계보가 있다는 정도만 알면되므로 이책에서는 과
명과 속명, 종명, 아종명, 변종명, 품종명만 소개해드립니다.

세상의 모든 생물은 이명법이란 표기 방식으로 표기하게 되어있습니다. 식물의 학명도 앞쪽에
속명을 표기하고 뒤에는 종명을 표기하도록 되어있습니다. 예를 들면 Echeveria(속명) laui(종명)
로 표기합니다.

기본이 되는 문자는 라틴어입니다. 현재는 국제식물명명규약國際植物命名規約에 따라 ICBN(International
Code of Botanical Nomenclature, 국제 식물명 협회)에서 관리합니다.
전 세계적으로 학명은 식물 하나에 하나의 학명만을 사용하도록 되어 있습니다만 그동안 같은
식물을 여러개의 학명으로 부르고 있었기에 이러한 혼란을 피하기 위해 1972년부터 어떤 식물
을 먼저 연구하여 식물명을 명명해 발표한 것을 부르도록 하고 있습니다.

식물은 종種을 단위로 하여 분류한 다음 각 분류군 계급의 순서와 명칭을 규정하고, 종의 하위에
는 아종亞種 외에 변종變種이나 품종을 둘 수 있도록 하였습니다. 아종은 subsp., 변종은 var., 품
종은 form으로 표기합니다. 마지막에 명명자의 이름을 붙이기도 하는데 앞글자는 대문자로 씁
니다. 현재 다육식물의 학명도 원종은 속명의 첫 글자만 대문자로 쓰고 뒤쪽의 종명은 소문자로
씁니다.

품종명은 인쇄체로 쓰며 첫글자는 대문자 인쇄체로 쓰고 품종명 앞뒤에 어깨「' '」표를 찍습니다.
학명 표기에서 속명과 종명, 변종명은 이탤릭체로 표기하고 품종명은 인쇄체로 표기합니다. 단
명명자와 품종명과 var. sp. spp. subsp.는 인쇄체로 쓰되 명명자 이름 첫 글자와 품종명 첫 글자
는 인쇄체 대문자로 표기합니다.

| | | | |
|---|---|---|---|
| **sp.** species | 종 | 기본품종(원종) |
| **subsp.** subspecies | 아종 | 자연적으로 같은 품종간 교배로 나온 아종 |
| **var.** variety | 변종 | 자연적으로 변이가 나타나 종자에 의해 스스로 종을 유지 · 계승하는 변이종을 말함. |
| **subvar.** subvariety | 아변종 | 자연적인 아변종 |
| **f. 또는 for.** forma. | 품종 | 물리적 또는 화학적 반응에 의하여 나타난 변이종이나 인위적으로 교배육성하여 원예적으로 관상가치가 있는 것(화색, 화형, 키높이, 엽형, 무늬 등) |
| **hyb** hybrid | 교배종 | |
| **x** genus | | 속간 교잡일 경우 속명 앞에 x를 붙인다. |
| **x** species | | 종간 교잡일 경우 종명 앞에 x를 붙인다. |
| **cv.** cultivated variety | 원예품종 | cv.나 f., for., cl.은 모두 「''」 표로 사용하기로 함. |
| **syn.** synonym | | 학술 학명 이외에 또 다르게 불리고 있는 이름을 말함. |

http://ibot.sav.sk/icbn/main.htm – 식물명명법 온라인 국제 코드
International Plant Names Index, http://www.ipni.org/

# Contents

이 책은 쉽고 빠르게 다육식물을 찾아 볼 수 있도록 구성하였습니다. 학명의 알파벳 순서로 다육식물을 나열하여 비슷한 종류를 한눈에 볼 수 있도록 하였으며, 국내에서 실질적으로 유통되고 있는 다육식물의 식물명(유통명)을 학명과 같이 표기하여 다육식물의 모양이나 이름 어느 하나만 알아도 쉽게 찾을 수 있게 하였습니다.

❶ 속의 구분을 쉽게 하기 위해 속이 시작되는 첫 식물 위에만 속명을 표기하였다.

❷ 컬러 네비게이션 색상으로 과별 구분이 되도록 하였고, 네비게이션 바의 막대가 움직여 속 구분을 더욱 쉽게 하였다.

❸ 식물명(국내 유통명)
한글이름은 학명을 한글로 표기하는 것을 기본으로 하였으며 일본에서 부르고 있는 이름의 한문명이
광범위하게 사용되어 굳어진 것은 그대로 표기하였다.

❹ 학명

❺ 여러개의 이름으로 유통되는 식물의 경우에는 따로 다른 이름으로 표기하였다.
꽃의 색이나 번식방법 그리고 식물에 대한 묘사와 특징에 대해 설명하였다.

❻ 과명

❼ 속명의 첫 알파벳 대문자로 빠르게 속명을 찾을 수 있게 하였다.

## 금

① 색금(복륜) - 잎의 색이 노란색을 띠는 것을 말한다. 식물의 세포에 이상이 생겨 엽록소 부족으로 색이 노란색을 띤다.
　식물 원래의 녹색이 적고 노란색이 많은 것은 자라지 못하고 죽는 경우가 많다.

② 선금(올금) - 노란색은 없으나 잎 전체에 다른 색의 선이 있는 것을 뜻한다.

③ 돌기금 - 잎에 약간의 도드라진 선이 있는 것을 뜻한다.

④ 계절금 - 겨울에만 한때 노란색을 띠는 것을 말한다.

**철화** | 생장점에 문제가 생겨 식물이 정상적으로 자라지 않고 옆으로 자라는 것.

**근상** | 다양한 뿌리의 모양을 감상하기 위해 뿌리를 드러나게 심는 것.

**원종** | 자연적으로 있던 원래의 품종이란 뜻이나 우리나라에선 교배종의 맨 처음 품종이란 뜻으로도 쓰인다.

**교배종** | 두 식물의 꽃에서 꽃가루를 이용해 수정을 시켜 나온 품종.

**원예종** | 모양이나 색이 탁월하여 관상용으로 길러지는 품종.

**자구 번식** | 식물의 줄기나 뿌리 부분에서 나오는 작은 식물을 자구라 하고 이것으로 번식하는 것을 말한다.

**포기나누기** | 포기의 여러 개 식물들을 나누어 심는 방법.

**줄기 번식(꺾꽂이)** | 줄기를 잘라 삽목용토에 꽂아서 뿌리를 내려 번식하는 방법.

**잎 번식(잎꽂이,엽삽)** | 잎만을 떼어 모래나 수태, 인공용토에 꽂아서 새싹을 발아시켜 번식하는 방법.

**씨앗 번식** | 씨를 발아시켜 번식시키는 방법.

**발아** | 씨에서 싹이 트는 것.

**목질화** | 식물의 초록색 줄기가 굳어져 단단해지며 나무의 색을 띠는 것을 '목질화 된다'고 한다.

**로제트** | 잎이 방사상으로 퍼져 나는 모양.

**창** | 리톱스와 같이 잎의 맨 위쪽 부분이 납작하게 편평한 면을 말한다.

**구엽** | 오래된 잎

**클론** | 칼랑코에 속의 몇 가지 품종 중에는 잎의 끝에서 작은 새끼들이 쪼르르 나온다. 이 새끼들을 클론(개체)이라고 부른다.

**클론 번식** | 잎의 끝에 달린 작은 클론을 떼어 흙에 심는 방법.

* 일러두기

1. 이 책에서는 다육식물을 먼저 과별로 분류하고 다시 속별로 분류하였다.

2. 각 과의 속중에서 국내에서 많이 유통되고 있는 속들은 각 과의 마지막에 속설명을 따로 하였다.

3. 국내에서 정착된 이름은 학명을 따르지 않았다.

4. 유통명이 여러 개일 경우 대표적인 유통명을 식물명으로 하였고 다른 유통명은 따로 표기하였다.

5. 학명이 아닌 국내 유통명으로 표기한 것의 경우 속의 구분이 필요할 때는 국내 유통명 뒤에 속명을 표기하였다. 예)양로 에케베리아

# Aizoaceae

**석류풀과**

## 천녀운
*Aloinopsis malherbei*

다른 이름 천녀경
꽃색 살구색   번식 포기나누기

## 능교
*Aloinopsis rosulata*

꽃색 살구색   번식 씨앗. 포기나누기
잎이 다육화 된 식물로써 살구색 꽃이 핀다.

## 당선

*Aloinopsis schooneesii*

꽃색 노랑   번식 씨앗. 포기나누기
능교와 흡사하여 구분하기가 쉽지 않다.

Argyroderma

## 금영

*Argyroderma delaetii*

꽃색 노랑, 분홍   번식 씨앗

# 장염

*Bergeranthus muticeps*

다른 이름 요술꽃
꽃색 노랑   번식 포기나누기
땅으로 기는 성질의 품종이다. 노란꽃이 피며 서지 못하는 성질을
가지고 있다. 오래된 줄기는 나무처럼 단단한 표면을 가지게 되어
더욱 멋진 모습으로 키울 수 있는 품종이다. 조파로 잘못 불린 적이
있다.

# 욱봉

*Cephalophyllum alstonii*

다른 이름 신월
꽃색 진한분홍   번식 포기나누기
'신월과 모양이 비슷하여 '신월'로 유통되기도 한다. 일 년에 두 번
진한 분홍색의 큰 꽃이 핀다.

### 군벽옥
*Conophytum minutum*

꽃색 분홍　번식 씨앗
어린 잎은 동그란 모양을 하고 있으나 시간이 지나면 납작한 모양
으로 바뀐다. 코노피툼의 품종은 다양하여 수백 종에 이른다.

### 축전
*Conophytum 'Shokkoden'*

꽃색 주황　번식 포기나누기
일 년에 한 번씩 구잎에서 새잎이 나오는데 이 현상을 탈피라 한다.
탈피를 할 때 가지가 늘어난다. 하트 모양이어서 인기가 많다.

# 레만니

*Corpuscularia lehmannii*

다른 이름 벽어연
꽃색 황금색　번식 줄기
서지 못하는 성질의 품종이다.

금

# 제기국

*Delosperma napiforme*

꽃색 백색　번식 씨앗
뿌리가 다육이어서 근상하여 키우면 멋진 품종이다.

## 미파

*Faucaria bosseheama* **var.** *haagei*

다른 이름 경파
꽃색 노랑   번식 씨앗. 포기나누기
잎의 모양도 멋지나 잎가에 백색선이 아름답다. 그늘에서 키우면 백색선이 안보인다.

## 스토마티움

*Faucaria stomatium*

꽃색 노랑   번식 씨앗. 포기나누기
여름에는 초록색이고 겨울에는 보랏빛으로 물든다. 잎 끝의 백색선은 겨울에 더 선명하다. 포카리아로 유통된 적이 있다.

## 사해파

*Faucaria tigrina*

꽃색 노랑　번식 씨앗, 포기나누기
잎의 가시가 날카로워 보이지만 실상은 부드럽다.

## 분홍노도황파

*Faucaria tuberculosa* 'Super Warty'

꽃색 노랑　번식 씨앗, 포기나누기
여름에는 초록이나 겨울에는 분홍색으로 물든다. 잎에 돌기가 있는
식물이다. 비슷한 품종에 '노도황파'가 있다.

**Fenestraria**

# 오십령옥

*Fenestraria aurantiaca*

꽃색 황금색   번식 포기나누기
잎의 독특함 때문에 인기 품종이다. 황금색 꽃이 피지만 백색꽃이
피는 품종도 있다.

**Frithia**

# 광옥

*Frithia pulchra*

꽃색 진분홍   번식 씨앗, 포기나누기
오십령옥과 비슷한 모양이어서 꽃 색으로 구분한다.

# 추금옥

*Gibbaeum petrense*

다른 이름 기바엠
꽃색 진분홍   번식 씨앗, 줄기
오래 기르면 줄기가 목질화되어 멋지다.

# 맥시밀리아누스

*Lampranthus maximilianus*

다른 이름 원종 벽어연
꽃색 분홍   번식 줄기
서지 못하는 성질의 품종이다.

# 마옥

*Lapidaria margaretae*

꽃색 노랑   번식 씨앗
각이 있으며 무늬가 없는 것이 특징이다.

# 리톱스 도로시

*Lithops dorotheae*

다른 이름 마홍옥
꽃색 노랑   번식 씨앗
창의 무늬가 붉은색과 노란색이어서 아름답다. 겨울에는 색이 더 짙
어진다.

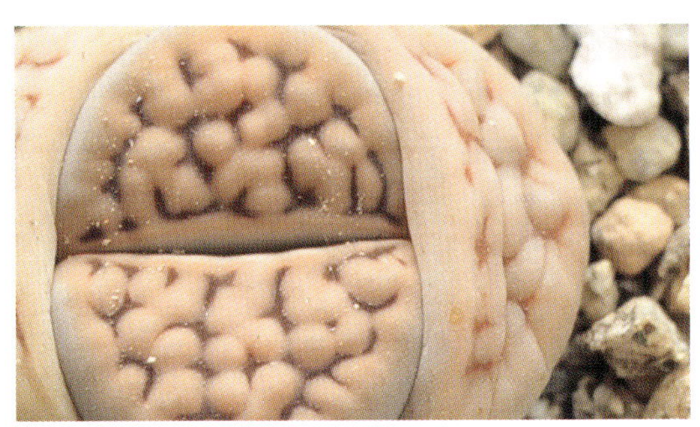

# 리톱스 할리
*Lithops hallii*

**꽃색** 백색   **번식** 씨앗
겨울에는 색이 더 짙어진다. 창의 무늬가 입체감이 있다. 탈피로 개
체수가 많아진다.

# 리톱스 후케리
*Lithops hookeri*

**꽃색** 노랑   **번식** 씨앗
브라운색의 무늬가 멋진 품종이다. 겨울에는 색이 더 짙어진다. 탈
피로 개체수가 많아진다.

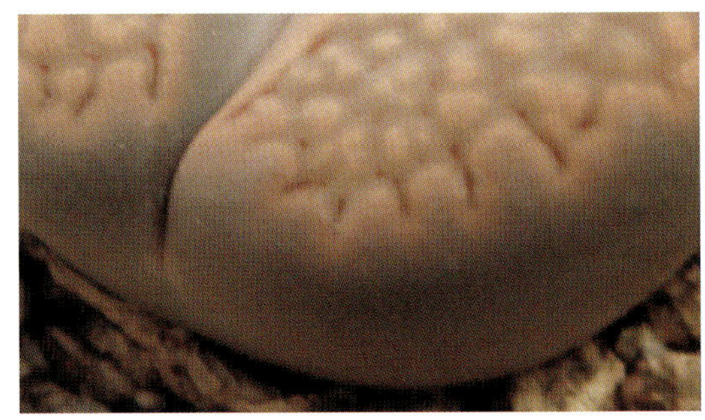

## 리톱스 줄리
*Lithops julii*

꽃색 백색   번식 씨앗
창의 무늬가 밤색의 무늬를 띠며 그물 모양과 비슷하다. 겨울에는
색이 더 짙어진다. 탈피로 개체수가 많아진다.

## 리톱스 레슬리에이
*Lithops lesliei*

다른 이름 자훈
꽃색 노랑   번식 씨앗
겨울에는 색이 더 짙어진다. 국내에선 가장 흔한 품종이다. 탈피로
개체수가 많아진다.

## 리톱스 레슬리에이 '알비니카'
*Lithops leshei* 'Albinica'

꽃색 백색   번식 씨앗

창의 색이 녹색이다. 겨울에는 색이 더 짙어진다. 탈피로 개체수가 많아진다.

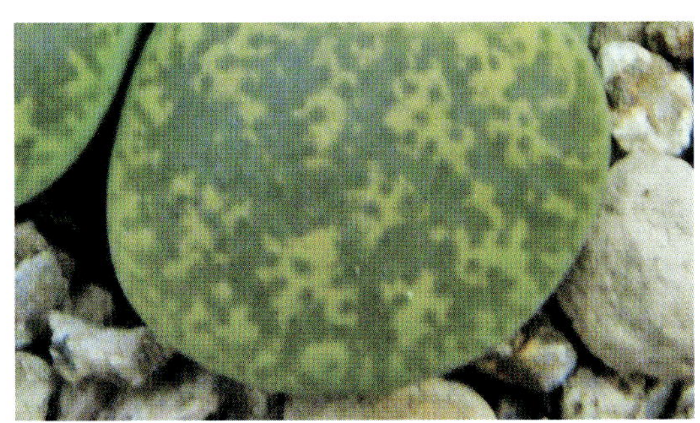

## 리톱스 올리바케아
*Lithops olivacea* var. *olivacea*

꽃색 노랑   번식 씨앗

창의 색이 회색을 띠며 무늬가 단순한 편이다. 겨울에는 색이 더 짙어 진다. 탈피로 개체수가 많아진다.

## 리톱스 오프티카 '루브라'

*Lithops optica* 'Rubra'

다른 이름 루비
꽃색 백색　번식 씨앗
진한 분홍빛을 띤다. 아름다운 품종으로 인기가 많지만 구하기 어렵
다. 번식이 쉽지 않다.

## 리톱스 오트제니아나

*Lithops otzeniana*

다른 이름 아쿠아
꽃색 노랑　번식 씨앗
창에 물방울이 떠다니는 듯한 무늬가 있어 '아쿠아'로도 불린다.
인기 품종이다.

## 제옥

*Pleiospilos nelii*

꽃색 노랑　번식 씨앗

사진처럼 잎사이가 벌어져 새잎이 나오기 시작하면 구엽이 마르기 전에는 절대로 물을 주지 말아야 한다.

## 자제옥

*Pleiospilos nelii* 'Rubra'

꽃색 자주빛진분홍　번식 씨앗

'제옥'과 같은 품종이지만 붉은 빛깔의 품종이다. 겨울에는 색이 더 짙어진다.

# 인어

*Rabiea difformis*

꽃색 노랑   번식 씨앗, 포기나누기
'장염'과 혼동하가 쉬운 모양이지만 잎이 더 크고 두텁다. 노란색 꽃
이 크게 핀다.

# 전동

*Rhinephyllum parvifolium*

꽃색 연노랑   번식 줄기
겨울에 많은 양의 빛을 받으면 연한 보랏빛으로 물든다.

### 쾌도난마

*Rhombophyllum nelii*

꽃색 노랑
잎의 끝이 불규칙하게 굴곡이 있다. 줄기 중앙에 노란색 꽃이 핀다.

### 난주

*Stomatium bolusiae*

다른 이름 란주
꽃색 노랑　번식 포기나누기
노란색 꽃이 초저녁에 피는데 가는 꽃잎이 곧게 뻗어있다.

Titanopsis

# 천녀
*Titanopsis calcarea*

꽃색 노랑　번식 포기나누기
잎 끝에 돌기가 나있다.

Trichodiadema

# 불보숨
*Trichodiadema bulbosum*

다른 이름 볼보숨, 소송파
꽃색 분홍　번식 줄기
산발한 듯한 모양이다. 뿌리가 다육인 품종이어서 근상하여 심는다.

# 덴숨

*Trichodiadema densum*

다른 이름 덴섬
꽃색 분홍   번식 줄기
뿌리가 나무처럼 자라는 식물이다.

원종희의
# 다육식물 Know-how

## 리톱스 속
Lithops

리톱스 속을 처음 본 순간 너무 신기해서 반하신 분들이 많으시죠? 저도 인터넷에서 리톱스를 처음 보고 며칠 동안 잠을 못잤어요. 엄지손가락 두 개를 모은 듯 자그마한 모양과 다양한 무늬에 반했는데 꽃이 피면 또 얼마나 화려한지… 리톱스 속은 같은 품종이라도 하나하나의 무늬가 각각 다르고 매력도 다르답니다.

### 관리법

리톱스 속의 식물들은 보통의 다육식물과는 달리 키우기가 약간 까다롭습니다. 특히 계절에 맞춰 신경 써 물을 주어야 해요. 봄(3월 ~ 5월까지)에는 일반 다육식물에 물을 주듯 흙이 바짝 마르면 물을 줍니다. 6월 즈음 장마가 시작되기 전부터 물을 주지 마세요. 장마가 끝날 무렵 리톱스를 흙에서 캐보면 뿌리까지 바짝 말라 있어요. 이때가 휴면기인데 분갈이하기 좋은 때입니다. 경험상 꽃이 피어있는 상태에서는 분갈이하기가 어려워요. 장마가 끝나고 새 뿌리가 난 후에 분갈이 하면 리톱스가 몸살을 하거든요.

### 분갈이하기

크기가 큰 리톱스의 경우 1cm, 크기가 작은 리톱스는 0.5cm 정도의 뿌리만 남기고 모두 자르세요. 3일에서 일주일 정도까지 말린 후 새로 마련한 흙에 심습니다. 리톱스는 특히 물 빠짐이 중요해요. 물은 분갈이한 후 일주일이 지나면 주기 시작합니다. 한 달이 지나면 새 뿌리가 많이 나온 것을 확인할 수 있어요.

### 수정하기

분갈이 후에 물을 주기 시작하면 드디어 꽃이 피고 열매를 맺어요. 씨를 받기 위해서는 수정을 해야 하는데 오후 3시경에 부드러운 붓으로 살짝 문질러 줍니다.

휴면기 ──────────── 리톱스 속은 여름이 휴면기입니다.

번식방법 ──────────── 리톱스 속은 분주나 씨앗을 뿌려 번식합니다.

월동온도 ──────────── 영상 3℃ 이상으로 관리하세요.

씨앗 심기 ──────────── 먼저 질석이 포함된 고운 모래를 준비하는데 퇴비는 없는 것이 좋아요. 넓은 화분이나 모종판에 모래흙을 담습니다. 겨울에서 봄 사이에 채취한 생 씨앗은 미리 물에 담가 두는데 이 과정에서 씨앗의 껍질이 열리면서 비로소 제대로 된 씨앗이 아래로 가라앉아요. 만약 씨앗을 구입하신 분이면 이 과정이 필요 없지만요.
씨앗을 모래 흙 위에 골고루 뿌립니다. 물은 저면관수법을 이용하여 화분이나 모종판보다 큰 그릇을 준비하여 물을 붓고 물이 화분에 스며들도록 합니다. 3 ~ 7일 정도 후에 싹이 나기 시작하는데 싹이 두 번 탈피할 때까지 흙이 촉촉히 젖어있어야 해요. 싹이 두 번 탈피한 이후엔 저면관수법을 그만두고 윗흙이 마르면 물을 줍니다. 세 번 탈피한 이후엔 위의 리톱스 관리법에 따릅니다. 코노피툼이나 기타 비슷한 머셈류들도 같은 방법이에요.

※탈피
일년에 한 번 잎과 잎 사이에서 새싹이 올라오는데 이 모습이 마치 껍질을 벗는 것 같아보여 이를 탈피라고 합니다.
우리나라에서는 주로 겨울에 탈피를 하며 탈피하는 동안에는 물을 주지 않고 먼저 있던 잎이 바짝 마르면 물을 주기 시작합니다. 탈피 과정에서 한 개의 리톱스가 두 개의 개체로 번식하여 나오기도 합니다.

# 취설송

*Anacampseros rufescens*

**꽃색** 분홍　　**번식** 잎, 씨앗, 줄기, 자구
서지 못하고 기는 성질의 품종이다. 초록색과 분홍색의 조화가 멋지고 줄기에 털이 나 있다.

# 요정무

*Avonia albissima*

**꽃색** 백색　　**번식** 씨앗
벌레를 연상시키는 모양이다. 마치 어류의 비늘 같은 모양의 잎도 특이하다.

## 알스토니

*Avonia quinaria* subsp. *alstonii*

**꽃색** 분홍, 백색    **번식** 씨앗
실로 짠 노끈 모양의 잎이 특이한 품종이다. 분홍꽃이 피는 품종과
백색 꽃이 피는 품종이 있다.

## 흑룡각

*Caralluma melanantha*

**꽃색** 검붉은 자주색    **번식** 자구, 줄기
볕이 부족하면 검은 무늬가 사라진다. 가시가 무서워 보이나 사실
은 부드럽다.

# 의제옥

*Pseudolithos migiurtinus*

**꽃색** 밤색　**번식** 씨앗
울퉁불퉁한 깨찰방 같은 모양이다. 꽃과 열매도 특이한 모양이다.



# 서각

*Stapelia grandiflora*

**다른 이름** 대화서각
**꽃색** 밤색　**번식** 줄기
온몸에 털이 나있고 꽃도 털로 뒤덮여 있다. 꽃에서 나는 냄새가 고약하다. 비슷한 종류로는 '우각', '용왕각'이라는 식물도 있다.

# 실라

*Ledebouria socialis*

**다른 이름** 비올라쉬
**꽃색** 초록   **번식** 포기나누기
잎과 꽃에 얼룩무늬가 있다. 알뿌리 모양도 특이하다.

# 비관

*Kleinia grantii*

**꽃색** 빨강   **번식** 줄기
국내에서 '플젠스', '칠석장', '칠석정' 등의 이름으로 잘 못 불리고 있다. 국내 일부 자료에 Senecio fulgens, Kleinia fulgens 등으로 학명이 잘못 표기되어 있기도 하다. Senecio grantii는 이전 학명이다.

## 페트라에아

*Kleinia petraea*

**다른 이름** 야콥세니, 쟈콥세니
**꽃색** 주황　**번식** 줄기
Senecio jacobsenii는 이전 학명이다. 매달아 키우기에 알맞은 다
육식물이다. 여름에는 초록색이며 겨울에는 보라색으로 물든다.

**Senecio**

## 칠보수

*Senecio articulatus*

**꽃색** 노랑　**번식** 줄기
줄기가 마디 모양으로 자라는 특이한 식물이다. 여름에만 잎이 나오
며 겨울에는 잎이 모두 떨어진다.

## 자만도

*Senecio crassissimus*

**다른 이름** 자오토

**꽃색** 주황   **번식** 줄기

줄기에서 잎이 달리는 배열이 특이하다. 볕을 많이 보여주면 줄기와
잎 가장자리가 보라색으로 물든다.

## 은월

*Senecio haworthii*

**꽃색** 노랑   **번식** 줄기

잎이 누에고치처럼 실로 뒤덮여 있다.

## 녹영

*Senecio rowleyanus*

**다른 이름** 콩선인장
**꽃색** 백색   **번식** 줄기
콩 모양의 잎들이 가늘게 늘어진 줄기에 달려 있어 매달아 키우기
에 적합하다. 백색의 솜 같은 꽃이 핀다.

## 루비 넥크리스

*Senecio* 'Ruby Necklace'

**다른 이름** 루비앤넥크리스, 자월, 루비 목걸이
**꽃색** 노랑   **번식** 줄기
여름에는 초록색이지만 겨울에 볕을 많이 보여주면 보라색으로 물
든다. 줄기가 누워 자라서 매달아 키우기에 적합하다. 야생화 같은
느낌의 노란색 꽃이 핀다.

# 만보

*Senecio serpens*

**다른 이름** 청월

**꽃색** 노랑   **번식** 줄기

잎의 색이 하늘색이다.

# Crassulaceae

**돌나물과**

## 금령전

*Adromischus cooperi*

**다른 이름** 대엽천금장, 천금장
**꽃색** 백색    **번식** 잎, 포기나누기
잎이 통통하여 가뭄에 잘 견딘다. 천금장(*Adromichus clavifolius*)과 비슷하나 비교적 대형이다.

## 천장

*Adromischus cristatus* var. *cristatus*

**다른 이름** 영락
**꽃색** 분홍    **번식** 잎, 포기나누기
줄기 부분에 뿌리가 나오는 것이 특징이다.

# 인디안 클럽스
*Adromischus cristatus* 'Indian Clubs'

**다른 이름** 인디언곤봉
**꽃색** 분홍　**번식** 잎, 포기나누기
적란으로 유통된 적도 있다. 초록색 잎이 겨울에는 자주색으로 변한
다. 잎이 동글동글 귀엽다.

# 필리카울리스 '레드'
*Adromischus filicaulis* 'Red'

**다른 이름** 적란, 뾰족한 적란
**꽃색** 분홍　**번식** 잎, 포기나누기
초록색 잎이 겨울에는 자주색으로 변한다. 볕을 많이 보여주어 물이
최상으로 들었을 때에는 바탕이 은색이며 붉은색이 핏빛으로 물들
며 광택까지 더하여 아름답다.

## 녹란

*Adromischus filicaulis* subsp. marlothii

**꽃색** 분홍   **번식** 잎, 줄기
옅게 물들긴하나 여름과 겨울의 변화가 적다. 잎이 쉽게 떨어지는
특징이 있다. 'Adromischus mammilaris'란 학명을 쓰기도 한다.

## 어소금

*Adromischus maculatus* 'Gosyonisiki'

**꽃색** 분홍   **번식** 잎, 포기나누기
잎이 넓고 갈색의 점 무늬가 있다. 여름에는 초록으로 무늬가 옅게 보
이며 겨울에는 무늬가 짙게 보인다.

## 블로시아누스

*Adromischus marianiae* 'Blosianus'

**다른 이름** 알베오라투스
**꽃색** 연분홍   **번식** 잎꽂이, 포기나누기
잎이 두터우며 잎가에 선이 붉게 물드는 희귀한 식물이다.

## 헤레이

*Adromischus marianiae* 'Herrei'

**꽃색** 분홍   **번식** 잎
잎의 모양이 독특하여 신비롭게 느껴진다. 녹색과 붉은색으로 물드
는 두 가지 품종이 있다.

# 흑법사

*Aeonium arboreum* 'Atropurpureum'

**꽃색** 노랑  **번식** 줄기

여름엔 잎이 짧고 색이 짙지만 겨울에는 잎이 길어지며 잎색도 옅다. 색이 더 검은 블랙로즈나 진흑법사도 있다.

# 아르보레움

*Aeonium arboreum*

**다른 이름** 청법사
**꽃색** 노랑  **번식** 줄기

여름과 겨울의 색 변화가 없다.

## 청법사금

*Aeonium arboreum* 'Variegata'

**다른 이름** 금법사
**꽃색** 노랑    **번식** 줄기

초록에 노란 선이 들어가 있는 아에오니움 중에서 아름다운 품종이다. 겨울부터 봄까지는 노란빛과 초록빛의 조화가 잘 보이나 여름부터 가을까지는 거의 초록빛이 많이 보인다.

## 미인경

*Aeonium canariense*

**꽃색** 노랑    **번식** 줄기

계절 간의 색변화는 없지만 잎의 배열과 균형이 아름다운 품종이다.

## 유접곡

*Aeonium castello-paivae*

꽃색 노랑　번식 줄기
잎이 끈적이는 특징이 있다. 봄에 노란색 꽃이 핀다.

## 흑사

*Aeonium* 'Gold Medal'

꽃색 노랑　번식 줄기
여름에는 밤색 줄이 보이나 겨울에 밤색으로 물들면 밤색 줄이 보이지 않는다.

## 일월금

*Aeonium haworthii* 'Variegata'

다른 이름 까라솔
꽃색 백색　번식 줄기
잎은 로제트상으로 자라며 녹색 바탕의 잎 가장자리에 붉은 테 무
늬가 있다.

## 린들레이

*Aeonium lindleyi*

꽃색 노랑　번식 줄기
하나하나의 작은 송이로 이루어져 있다.

## 노빌레

*Aeonium nobile*



**다른 이름** 노블
**꽃색** 황색   **번식** 줄기
큰 하나의 꽃송이처럼 보인다. 잎이 두툼하여 아에오니움이 아닌것
처럼 보인다.

## 소인제

*Aeonium sedifolium*

**꽃색** 노랑   **번식** 줄기
어놀디와 비슷하지만 잎이 원통형으로 둥글다.

## 선동창

*Aeonium spathulatum*

꽃색 노랑　번식 줄기
작은 꽃들이 모여 있는 모양의 품종이다.

## 썬버스트

*Aeonium* 'Sunburst'

번식 줄기
잎 중앙은 초록이며, 잎 바깥쪽은 노랑인 품종으로, 겨울에는 노란
부분이 분홍으로 물든다.

철화 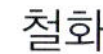

## 썬컵

*Aeonium* 'Suncup'

**다른 이름** 번뇌금, 레몬라임, 애염금
**꽃색** 노랑   **번식** 줄기
노란 줄무늬가 들어가 있는 특이종이다.

## 명경

*Aeonium tabuliforme*

**꽃색** 노랑   **번식** 줄기
잎이 나선상 방사형으로 배열되어 아름다우며 잎 전체에 솜털이 나
있는 것이 특징이다. 계절 간 색 변화는 없다.

### 문버스트

*Aeonium urbicum* 'Moonburst'

번식 줄기

잎 중앙이 노랑이며 가장자리는 초록이다. 계절에 따라 색이 짙어지
거나 흐려지지만 그 변화는 적다. 중앙에 노란선이 고르게 많을수록
좋은 품종으로 여긴다.

철화 

### 캐시미어바이올렛

*Aeonium* 'Velour'

꽃색 노랑   번식 줄기

흑법사와 흡사하나 광택이 더 있다. 잎이 도란형으로 끝이 둥글고
뾰족하며 잎에 미세한 털이 나있다.

# 다솔

*Aichryson tortuosum*

다른 이름 일월
번식 줄기
약간의 끈적임이 있다. 꽃처럼 보이는 작은 송이들이 모여 있는 품종이다.

# 엘리세

*Cotyledon eliseae*

다른 이름 파필라리스
꽃색 주황  번식 줄기
매년 봄에 종 모양의 붉은 꽃이 핀다.

# 은파금

*Cotyledon orbiculata*

꽃색 주황　번식 줄기
여름엔 백색을 유지하나 겨울이 되면 잎가에 붉은 선이 나타난다.

# 가입랑

*Cotyledon orbiculata* 'Yomeiri-Musume'

꽃색 주황　번식 줄기
여름에는 잎가에 붉은 선이 약하게 나타나며 겨울에는 붉은 선이
강하게 나타난다.

## 홍복륜

*Cotyledon orbiculata* 'Macrantha'



계절에 관계 없이 잎가에 붉은 선이 나타난다. 겨울에는 초록색이
옅어지고 붉은 색이 강해진다.

## 복랑

*Cotyledon orbiculata* var. *oophylla*



잎이 약간 납작한 도란상 원통형으로 물을 많이 저장하는 식물이다.
과습에 특히 약한 품종으로 여름에 단수하여야 한다.

## 방울복랑

*Cotyledon orbiculata* var. *oophylla* cv.



일반 복랑보다 잎이 더 동글동글 하다. 과습에 약하다.

## 오브리쿨라타 '운둘라타'

*Cotyledon orbiculata* var. *orbiculata* 'Undulata'

다른 이름 프릴 은파금, 은두라타
꽃색 주황    번식 줄기

백색의 분이 많이 있는 품종이다. 계절별 색 변화가 없다.

# 웅동자

*Cotyledon tomentosa* 'Variegata'


짧은 털로 뒤덮여 있는 잎이 곰 발바닥처럼 생겼다.

웅동자 금



# 화제

*Crassula americana* 'Flame'

다른 이름 불꽃
꽃색 백색, 붉은색　번식 줄기
과습에 특히 약하고 웃자람이 심하다. 줄기의 끝에 백색꽃이 핀다.

여름철

## 운둘라티폴리아

*Crassula arborescens* subsp. *undulatifolia*

꽃색 백색  번식 줄기

초록색 물감에 백색 물감을 섞은 것 같은 색이다. 컬이 있는 것이 특징이다. 겨울색으로 잎가에 선이 붉게 나타난다.

## 워터메리

*Crassula atropurpurea* var. *watermeyeri*

꽃색 백색  번식 줄기

식물 전체가 짧은 털로 뒤덮여 있다. 겨울에 붉은색으로 변한다.

## 버클리

*Crassula barklyi*

다른 이름 옥춘
번식 자구번식
탑 모양이 특이해서 인기종이다.

## 브레비폴리아

*Crassula brevifolia*

꽃색 분홍   번식 줄기
여름에는 초록이나 겨울에 아주 붉은색으로 물들고, 볕이 좋으면 안쪽에도 붉은 점이 보인다. 분홍색의 아주 작은 꽃이 핀다.

### 부다스템플

*Crassula* 'Buddha's Temple'

꽃색 백색　번식 줄기
탑 모양으로 특이하게 성장하며, 과습하면 검은 반점이 생긴다.

### 사과불꽃축제

*Crassula capitella* 'Variegata'

꽃색 백색　번식 줄기
잎에 붉은 선이 들어가 있는 품종으로 불꽃보다 더 붉게 물든다. 웃
자람이 심하다.

### 천탑

*Crassula capitella* subsp. *thyrsiflora*

**꽃색** 백색　**번식** 줄기

아주 적게는 육각 천탑이 나오기도 한다. 과습에 약하며 웃자람이
심하다.

### 데이빗

*Crassula* 'David'

**다른 이름** 다비드
**꽃색** 백색　**번식** 줄기

줄기는 포복성으로 초록과 분홍의 색 조화가 멋진 품종이다. 겨울이
면 자주색으로 물들며 흰색의 잔털이 있다.

## 백로

*Crassula deltoidea*

**꽃색** 백색  **번식** 줄기

볕을 많이 보여주면 백색분이 많아진다. 과습에 약하고 웃자람이 심하다.

## 나미비엔시스

*Crassula elegans* subsp. *namibiensis*

**번식** 줄기

잎에 꺼끌꺼끌한 털이 나 있다. 탑 모양으로 자라는 소형종이다.

# 적귀성

*Crassula fusca*

꽃색 백색   번식 줄기

웃자람이 심하고 과습에 특히 약하다. 줄기 끝에 백색꽃이 핀다. 겨울이면 붉은색으로 물드는 화제와 혼돈되기도 한다.

# 그린 파고다

*Crassula* 'Green Pagoda'

다른 이름 앵성
꽃색 분홍   번식 자구번식

여름에는 초록이나 겨울에 잎가에 붉은 선이 나타나며 전체적으로 붉게 물든다. 분홍의 작은 꽃이 무리지어 핀다.

## 아이보리 파고다
*Crassula* 'Ivory Pagoda'

**번식** 줄기
전체적으로 짧은 털로 뒤덮여 있다.

## 제이드 넥크리스
*Crassula* 'Jade Necklace'

**다른 이름** 루페스트리, 애기무을려
**꽃색** 분홍  **번식** 줄기

## 은전

*Crassula mesembrianthemoides*

**꽃색** 백색   **번식** 줄기

잎이 타원상 원통형으로 끝이 좁아져서 뾰족하며 흰색 털로 뒤덮여
있다.

## 녹탑

*Crassula muscosa* (*Crassula lycopodioides*)

**번식** 줄기

아주 작은 줄기와 잎이 탑처럼 자라는 식물이다.

## 크라술라 헤레이

*Crassula nudicaulis* var. *herrei*

**꽃색** 분홍　**번식** 줄기

잎가의 선이 아름다우며 잎 전체가 물드는 품종이다.

## 크로스비스 콤팩트

*Crassula ovata* 'Crosby's Compact'

**다른 이름** 미니화월, 미니염자, 희화월

**꽃색** 백색　**번식** 잎, 줄기

'화월' 중에 잎이 작은 품종이다.

### 골룸

*Crassula ovata* 'Gollum'

**다른 이름** 우주목
**꽃색** 백색　**번식** 잎, 줄기
잎의 모양이 원통형이며 잎 끝에 약간의 홈이 있다.

### 호빗

*Crassula ovata* 'Hobit'

**꽃색** 백색　**번식** 잎, 줄기
우주목과 흡사하게 자라나 잎 끝이 다르다. 붉게 물든다.

## 훔멜스 썬셋트

*Crassula ovata* 'Hummel's Sunset'

**다른 이름** 컬러 염자, 금염자, 험멜즈 선셋, 황금화월
**꽃색** 백색   **번식** 잎, 줄기
화월 중에 잎에 노란빛이 나는 품종이다. 겨울철에 색 변화가 가장
많은 품종이다.

## 화월은

*Crassula ovata* subsp. *obliqua* 'variegata'

**다른 이름** 은화월, 무늬화월
**꽃색** 백색   **번식** 잎, 줄기
잎에 아이보리색과 초록색이 거의 동일하게 줄무늬로 나타난다.

## 신도

*Crassula perfoliata* **var.** *minor*

**꽃색** 분홍　**번식** 잎, 줄기

꽃이 아름다운 식물이다. 잎을 잘게 잘라도 싹이 나오는 특이한 품종이다.

## 남십자성금

*Crassula perforata* 'variegata'

**다른 이름** 십자성금
**꽃색** 노랑　**번식** 줄기

십자성에 노란색이 나타나는 아름다운 색감의 품종이다.

## 옥치아

*Crassula plegmatoides (Crassula arta)*

번식 줄기
백색의 둥근 탑 모양으로 아주 귀여운 품종이다.

## 프루이노사

*Crassula pruinosa*

꽃색 백색   번식 줄기
아주 작은 잎에 무늬가 있으며 백색 분이 있는 품종이다.

## 푸베스켄스

*Crassula pubescens*

 퓨벤스겐스, 퍼브센스
 백색   잎, 줄기
잎이 짧은 털로 뒤덮여 있으며 새 잎이 나올 때에 묵은 잎을 밀어
내는 특징이 있다.

## 라디칸스

*Crassula pubescens* subsp. *radicans*

 백색   잎, 줄기
작은 잎들이 야생화 느낌을 주며 물이 잘든다.

## 로게르시

*Crassula rogersii*

**번식** 줄기

잎이 통통하며 잎 전체가 잔털로 뒤덮여 있다.

## 애성

*Crassula rupestris* CV.

**꽃색** 분홍　**번식** 줄기

잎가의 선이 붉은 것이 특징이다.

### 무을녀

*Crassula rupestris* subsp. *marnierina*

꽃색 백색  번식 줄기
탑 모양으로 자라는 잎이 두터운 품종이다.

### 희성

*Crassula rupestris* 'Tom thumb'

꽃색 분홍  번식 줄기
탑 모양 중에서 제일 작은 로제트를 가진 품종이다. 줄기를 자르면
새싹이 나온다.

## 신려

*Crassula* 'Shinrei'

**꽃색** 분홍　**번식** 줄기
식물 전체가 잔털로 뒤덮여 있다.

## 볼켄시

*Crassula volkensii*

**꽃색** 백색　**번식** 줄기
잎의 무늬가 현란한 품종으로 야생화 느낌이 많이 난다.

## 엑크스파트리아타 크레스트

× *Cremneria* 'Expatriata Crest'

**다른 이름** 익스펙트리아
**꽃색** 주황  **번식** 잎, 줄기

'익스파프리카'라는 이름으로 잘못 불리기도 한다. 크렘노필리아속
과 에케베리아속의 속간 교배종이다.

## 크로커다일

*Cremnosedum* 'Crocodile'

**꽃색** 노랑  **번식** 잎, 줄기

이름과는 달리 아주 귀여운 품종이다. 크렘노필리아속과 세덤속의
속간 교배종이다.

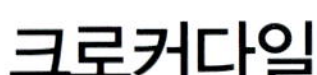

### 리틀젬

*Cremnosedum* 'Little Gem'

**꽃색** 노랑   **번식** 잎, 줄기

땅으로 기는 성질의 품종이다. 봄이 되면 노란색의 꽃이 피고 잎과
줄기로 번식한다. 크렘노필리아속과 세덤 속의 속간 교배종이다.

### 오르쿠티

*Dudleya attenuata* subsp.*orcuttii*

**꽃색** 아이보리   **번식** 씨앗, 줄기

잎은 원통형으로 길이는 에둘리스보다 짧다. 두들레이아 종은 겨울
이 성장기이며, 그늘에서 기르면 잎이 길어진다.

## 브리토니

*Dudleya brittonii*

**꽃색** 아이보리　**번식** 씨앗, 줄기
백색분이 벗겨지지 않도록 주의해야 한다.

## 에둘리스

*Dudleya edulis*

**꽃색** 아이보리　**번식** 씨앗, 줄기
높이는 20cm 정도 자라고 잎이 국수처럼 원통형으로 되어 있다.

## 파리노사

*Dudleya farinosa*

다른 이름 화리노사, 파비노사
꽃색 연노랑   번식 씨앗, 줄기
짧은 잎의 파리노사와 긴 잎의 파리노사 두 종류로 유통 중이며, 붉게 물드는 특징이 있다. 사진은 긴 잎의 파리노사이다.

## 노마

*Dudleya greenei*

다른 이름 화이트그리니
꽃색 연노랑   번식 씨앗, 줄기
두들레이아 중에서 로제트가 작은 품종으로 귀여움을 독차지하고 있다. '두들레이아 그노마로 불리기도 한다.

## 누비게나

*Dudleya nubigena*

꽃색 아이보리　번식 씨앗, 줄기
잎 끝이 뾰족한 것이 특징이다.

## 파키피툼

*Dudleya pachyphytum*

꽃색 아이보리　번식 씨앗, 줄기
잎이 두들레이아 중에 제일 두텁다.

## 설산

*Dudleya pulverulenta*



다른 이름 풀버르나타
꽃색 주홍   번식 씨앗, 줄기
국내 유통 중인 두들레이아 중 잎이 가장 넓은 품종이다.

## 비스키다

*Dudleya viscida*

꽃색 주홍   번식 씨앗, 줄기
국수 같은 길쭉한 모양의 잎이 특징이다.

## 애프터글로우

*Echeveria* 'Afterglow'

꽃색 주황　번식 줄기, 자구
매혹적인 분홍빛이지만 강한 볕을 보여주면 분홍색이 옅어진다. 줄기의 중앙부에서 꽃대가 나온다.

## 동운

*Echeveria agavoides*

다른 이름 사찌
꽃색 겉분홍속노랑　번식 잎, 씨앗, 줄기, 자구
잎 끝이 검게 물든다. 아가보이데스의 기본 품종이다. 많은 종이 이 종에서 교배되었다.

## 홍상생산

*Echeveria agavoides* 'Aioigasa'

**다른 이름** 홍상생술

홍상생술로 유통되고 있다. 일본에선 홍상생산(紅相生傘)으로 불리운다.

## 에보니

*Echeveria agavoides* 'Ebony'

**다른 이름** 원종 에보니
**꽃색** 겉분홍속노랑　　**번식** 잎, 씨앗, 줄기, 자구

'원종에보니'로 유통되지만 교배종이다. 에보니의 종류에는 여러가지 교배종들이 많다.

### 에보니 퍼플

*Echeveria agavoides* 'Ebony purple'

다른 이름 퍼플 에보니, 쿠스
꽃색 겉분홍속노랑　번식 잎, 씨앗, 줄기, 자구

### 프랭크 레인넬트

*Echeveria agavoides* 'Frank Reinelt'

다른 이름 프랭크
꽃색 겉분홍속노랑　번식 잎, 씨앗, 줄기, 자구
아가보이데스 종류 중 가장 붉은 색을 자랑하는 멋진 품종이다.

## 레이디 핑거

*Echeveria agavoides* 'Lady Finger'

꽃색 노랑　번식 잎, 씨앗, 줄기, 자구
'루브라'로 유통 중이지만 '레이디핑거'로 정정하여 부르는 것이 바람직하다.

## 루비 노바

*Echeveria agavoides* 'Ruby Nova'

꽃색 노랑　번식 잎, 씨앗, 줄기, 자구
비슷한 품종 중에 잎이 제일 얇다.

# 코르데로이

*Echeveria agavoides* var. *corderoyi*

다른 이름 립스틱
꽃색 겉분홍속노랑　번식 잎, 씨앗, 줄기, 자구
잎 끝이 바깥 쪽으로 뒤집어지는 특징이 있다.

# 왁스

*Echeveria agavoides* 'Wax'

꽃색 겉빨강속오렌지　번식 잎, 씨앗, 줄기, 자구
잎의 뒷면부터 물드는 품종으로 아가보이데스의 교배종이다. 물들
이기가 쉽지 않다.

## 알비칸스

*Echeveria albicans*

**다른 이름** 월령, 청라우, 엘레강스
**꽃색** 겉분홍속노랑　**번식** 잎, 씨앗, 줄기, 자구
잎이 두툼하며 균일성이 있다. 잎의 짜임은 단아한 느낌을 준다.

## 아쿠아리우스

*Echeveria* 'Aquarius'

**꽃색** 겉분홍속노랑　**번식** 씨앗, 줄기, 자구
잎의 색이 회청록색이며 잎가에 붉은색이 아름답다. 잎가는 주름이
진다.

## 피치스앤크림

*Echeveria* 'Atlantis'

**다른 이름** 아틀란티스, 베이비로지
**꽃색** 주황　**번식** 씨앗, 줄기, 자구
잎 끝의 붉은 선이 매력적이다.

## 욱학

*Echeveria atropurpurea*

**꽃색** 주홍　**번식** 잎, 씨앗, 줄기, 자구
광택이 없는 것이 핌브리아타와 다르다. 교배종이라서 잎 모양이 다
양하다.

## 바빌리온
*Echeveria* 'Barbillion'

**꽃색** 분홍   **번식** 씨앗, 줄기, 자구
돌기가 있는 특이종이다. 겨울에는 분홍빛으로 물든다.

## 바론 볼드
*Echeveria* 'Baron Bold'

**꽃색** 주홍   **번식** 잎, 씨앗, 줄기, 자구
돌기가 있는 특이종이다. 겨울에는 붉게 물든다.

## 에케베리아 '벤 베이디스'

*Echeveria* 'Ben Badis'



**다른 이름** 밴바디스
**꽃색** 겉주황속노랑  **번식** 잎, 씨앗, 줄기, 자구
잎 끝이 붉게 물든다. 천천히 자라는 것이 특징이다.

## 베니쯔루

*Echeveria* 'Beninotsuru'

**다른 이름** 홍학
**꽃색** 분홍  **번식** 잎, 씨앗, 줄기, 자구
겨울이면 잎이 연한 붉은 빛으로 물든다.

## 버클리

*Echeveria* 'Berkeley'

**꽃색** 겉분홍속노랑　**번식** 씨앗, 줄기, 자구
하늘색의 잎가가 분홍빛으로 물든다.

## 빅 레드

*Echeveria* 'Big Red'

**다른 이름** 고사옹
**꽃색** 분홍　**번식** 잎, 씨앗, 줄기, 자구
'고사옹'과 '빅 레드'는 다른 식물이라고도 한다.

## 비터스위트
*Echeveria* 'Bittersweet'



비슷한 식물로는 '얼리라이트(Echeveria 'Arlie Wright)'가 있다.

## 블랙 나이트
*Echeveria* 'Black Knight'

다른 이름 흑기사, 흑미인
꽃색 빨강   번식 잎, 씨앗, 줄기, 자구

### 블랙 프린스

*Echeveria* 'Black Prince'

다른 이름 흑왕자
꽃색 빨강   번식 잎, 씨앗, 줄기, 자구
이름에서도 느껴지듯 온통 검은색의 품종이다.

### 블루 베더

*Echeveria* 'Blue Bedder'

꽃색 분홍   번식 씨앗, 줄기, 자구
여름에는 푸른빛을 띠다가 겨울에는 분홍빛으로 물든다.

### 파랑새

*Echeveria* 'Blue Bird'

**다른 이름** 블루버드
**꽃색** 분홍   **번식** 잎, 씨앗, 줄기, 자구
잎색이 회청녹색이지만 환경에 따라 붉은색으로 물이 든다.

### 블루 클라우드

*Echeveria* 'Blue Cloud'

**꽃색** 분홍   **번식** 씨앗, 줄기, 자구
옅은 블루 색을 띠며 모양이 깔끔하다.

## 블루 컬스
*Echeveria* 'Blue Curls'

**꽃색** 분홍   **번식** 씨앗, 줄기, 자구
컬이 멋진 품종으로 겨울에 분홍으로 물들면 더욱 멋지다.

## 블루 호라이즌
*Echeveria* 'Blue Horizon'

**다른 이름** 블루호리즌
**꽃색** 분홍   **번식** 씨앗, 줄기, 자구
컬이 굵고 분홍빛으로 물든다.

## 블루 스카이

*Echeveria* 'Blue Sky'

**꽃색** 주홍　**번식** 씨앗, 줄기, 자구
겨울에는 분홍빛으로 물든다.

## 블루 스퍼

*Echeveria* 'Blue Spur'

**꽃색** 주홍　**번식** 씨앗, 줄기, 자구
잎의 돌기가 특이한 품종이다. 잎이 꼬이는 특징이 있다.

### 밥 졸리

*Echeveria* 'Bob Jolly'

다른 이름 브라이언시
꽃색 주홍　번식 씨앗, 줄기, 자구
초록빛이 선명한 품종이다.

### 본비시나

*Echeveria* 'Bonbycina'

다른 이름 금사황
꽃색 주홍　번식 씨앗, 줄기, 자구
식물 전체가 잔털로 뒤덮여 있다.

## 브라드부리아나

*Echeveria* 'Bradburyana'

**다른 이름** 브라드, 브래드, 부리, 블랫 블루아나
**꽃색** 분홍  **번식** 씨앗, 줄기, 자구
은은한 색감이 아름답다. 겨울엔 분홍색으로 물든다.

## 브라이어 로즈

*Echeveria* 'Briar Rose'

**다른 이름** 브라이언 로즈
**꽃색** 분홍  **번식** 잎, 씨앗, 줄기, 자구
잎은 백분이 덮인 회록색이지만 붉게 물들며 소형종이다.

철화

## 브릴리언트

*Echeveria* 'Brilliant'

**꽃색** 분홍　**번식** 씨앗, 줄기, 자구
줄기가 굵고 잎은 넓고 회청록색이지만 성장하면서 환경에 따라 분홍빛으로 물든다.

## 칼리포르니카 퀸

*Echeveria* 'Californica Queen'

**다른 이름** 정야금
**꽃색** 겉주황속노랑　**번식** 잎, 씨앗, 줄기, 자구
잎가에 붉은 선이 특징이다.

### 캉캉

*Echeveria* 'Can Can'

꽃색 주홍 　번식 씨앗, 줄기, 자구
시간이 지날수록 분홍색이 진해지며 잎가에 주름이 진다.

### 칸테

*Echeveria cante*

꽃색 주홍 　번식 씨앗, 줄기, 자구
'시드그로윈'으로 유통되는 품종도 있다. 잎은 회청록색이지만 후에
연어색으로 변한다.

# 카프리

*Echeveria* 'Capri'

**다른 이름** 마린썬셋
**꽃색** 분홍　**번식** 씨앗, 줄기, 자구
기비플로라 교배종이다.

# 카르니콜로르

*Echeveria carnicolor*

**다른 이름** 은명색, 카니컬러
**꽃색** 주홍　**번식** 씨앗, 줄기, 자구
여름에는 회색이며 겨울에는 살구색이다.

## 캐시타

*Echeveria* 'Cassytha'

꽃색 주홍  번식 씨앗, 줄기, 자구
겨울엔 분홍색으로 물든다.

## 카시즈

*Echeveria* 'Cassyz'

꽃색 분홍  번식 씨앗, 줄기, 자구
단정하며 색 변화가 아름다워 인기가 많은 품종이다. 겨울에는 분홍
빛으로 물든다.

# 키후아후아엔시스

*Echeveria chihuahuaensis*



**다른 이름** 치와와엔시스
**꽃색** 분홍　**번식** 잎, 씨앗, 줄기, 자구

중앙부에서 꽃대가 나오는 품종으로 중앙부가 아닌 곳에서 꽃대가
나오는 원종의 치와와엔시스와는 다른 품종으로 보인다.

# 루비 블러쉬

*Echeveria chihuahuensis* 'Ruby Blush'

**꽃색** 분홍　**번식** 잎, 씨앗, 줄기, 자구

원종의 '키후아후아엔시스'의 교배종으로 잎이 짧고 두텁다. 비슷한
품종에는 '도태랑', '치와와린제', '마리아' 등이 있다.

Crassulaceae　E

## 크리스마스
*Echeveria* 'Christmas'

**꽃색** 노랑　**번식** 잎, 씨앗, 줄기, 자구
약간 검붉은 색으로 물드는 품종이다.

## 첩스
*Echeveria* 'Chubbs'

**다른 이름** 챠브스, 처브스
**꽃색** 겉주황속노랑　**번식** 씨앗, 줄기, 자구
온몸이 털로 뒤덮여 있으며 잎의 뒷면 중앙에는 털이 선으로 보인다.

## 청키

*Echeveria* 'Chunky'

꽃색 분홍   번식 씨앗, 줄기, 자구
회색빛이 분홍빛으로 물든다.

## 클라라

*Echeveria* 'Clara'

꽃색 분홍   번식 잎, 씨앗, 줄기, 자구
분홍빛으로 물이 드는데 잎이 작고 배열이 아름답다. 소형종에 속한다.

## 콜로라타

*Echeveria colorata*

다른 이름 원종 콜로라타
꽃색 주홍  번식 잎, 씨앗, 줄기, 자구
잎의 뒷면이 자주빛 붉은색으로 물든다. 인기품종이다.

## 멕시칸 자이안트

*Echeveria colorata* 'Mexican Giant'

꽃색 겉주홍속노랑  번식 잎, 씨앗, 줄기, 자구
백색의 품종이다. 대형종이다.

## 브란드티

*Echeveria colorata* **var.** *brandtii*

꽃색 분홍　번식 잎, 씨앗, 줄기, 자구
잎이 '콜로라타'보다 길다.

## 에케베리아 '콤프레시카울리스'

*Echeveria compressicaulis*

다른 이름 베네주엘라
꽃색 끝주홍끝과속노랑　번식 잎, 씨앗, 줄기, 자구
유통명인 '베네주엘라'라는 이름은 원산지가 베네주엘라인데서 비롯
된 것으로 보인다.

## 컬리브라

*Echeveria* 'Culebra'


잎의 돌기도 신기하지만 잎이 뒤쪽으로 말리는 모습도 특이하다.

## 자라고자에

*Echeveria cuspidata* var. *zaragozae*

다른 이름 붉은발톱자라고사
꽃색 주홍　번식 씨앗, 줄기, 자구
잎 끝에 붉은 가시가 달려 있다. 잎끝의 가시가 검은 품종인 검은발톱자라고사도 있다.

## 데카린
*Echeveria* 'Decarin'

**다른 이름** 히메요로, 희양노
**꽃색** 분홍   **번식** 씨앗, 줄기, 자구
투명한듯한  연분홍빛으로 물든다.

## 딜라이트
*Echeveria* 'Delight'

**다른 이름** 데라이트
**꽃색** 분홍   **번식** 씨앗, 줄기, 자구
잎은 넓은 도란형으로 앞 가장자리에는 잔주름 거치가 있고 붉은색
으로 변한다. 잎이 두터운 것이 특징이다.

## 정야

*Echeveria derenbergii*

꽃색 겉주황속오렌지   번식 잎, 씨앗, 줄기, 자구
다육식물 중 가장 인기있는 품종이라 해도 과언이 아니다. 웃자라기
쉽다.

## 캡틴 헤이

*Echeveria derenbergii* 'Captain Hay'

꽃색 겉주황속노랑   번식 잎, 씨앗, 줄기, 자구
정야와 거의 흡사하나 잎가에 선이 더 선명하다.

# 데렌올리버

*Echeveria* 'Deren-Oliver'

꽃색 주황　번식 잎, 씨앗, 줄기, 자구
웃자람이 매우 심하다. 물들기 전에는 붉은 선이 약하다.

# 데레시나

*Echeveria* 'Deresina'

꽃색 주홍　번식 씨앗, 줄기, 자구
연한 분홍잎이 매력적인 품종. '원종 로라'로 불리기도 하지만 원종
은 아니다.

## 데로사

*Echeveria* 'Derosa'

꽃색 겉주홍속노랑　번식 잎, 씨앗, 줄기, 자구
소형종으로 붉게 물드는 잎이 멋지다.

## 더블 딜라이트

*Echeveria* 'Double Delight'

꽃색 주홍　번식 씨앗, 줄기, 자구
잎에 주름이 지며 붉은 색으로 물이 든다.

## 월영

*Echeveria elegans*

꽃색 분홍　번식 잎, 씨앗, 줄기, 자구
엘레강스한 품종 중 하나로 분홍빛으로 물든다. 비슷한 품종에는 '라즈베리아이스'가 있다.

## 에트나

*Echeveria* 'Etna'

다른 이름 이트나
꽃색 겉주홍속노랑　번식 씨앗, 줄기, 자구
잎에 혹 모양 돌기가 있다.

# 간도리스

*Echeveria fimbriata* 'Fasciculata'

**다른 이름** 파시스쿨라타, 핌브리아타, 페시쿨라타, 한조소
**꽃색** 분홍　**번식** 씨앗, 줄기, 자구
불리는 이름이 많아 혼동하기 쉽다. 육학과는 달리 광택이 있다. 볕이
많은 곳에서 자라면 잎이 짧아지며 잎 끝이 둥근 모양으로 자란다.

# 파이어라이트

*Echeveria* 'Firelight'

**꽃색** 빨강　**번식** 씨앗, 줄기, 자구
이름 그대로 아주 붉게 물드는 품종이다. 잎 끝에 잔주름이 진다.

## 플라잉 클라우드

*Echeveria* 'Flying Cloud'

꽃색 주홍   번식 씨앗, 줄기, 자구
잎이 넓은 도란형으로 연회록색이 나며 연한 무늬와 잎가에 붉은색
테무늬가 있다.

## 프리디시마

*Echeveria* 'Fredissima'

꽃색 분홍   번식 씨앗, 줄기, 자구
겨울에는 잎가의 선이 분홍빛으로 물드는 멋진 품종이다. '프레디시
마'로 불리기도 한다.

# 오브투시폴리아

*Echeveria fulgens* **var.** *obtusifolia*

다른 이름 옵투시폴리아, 플겐스, 홍염림
꽃색 주홍   번식 씨앗, 줄기, 자구
겨울이 되면 검붉게 물들어 다른 식물처럼 보인다.

# 펀 퀸

*Echeveria* 'Fun Queen'

다른 이름 성탄전야의 장미
꽃색 주홍   번식 잎, 씨앗, 줄기, 자구
원산지는 멕시코이다.

## 기비플로라

*Echeveria* 'Gibbiflora'

꽃색 분홍   번식 씨앗, 줄기, 자구
최상으로 물들면 정말 아름다운 품종이다. 많은 종이 이 종에서 교배되었다.

## 조이스 자이안트

*Echeveria gibbiflora* 'Joy's Giant'

꽃색 주홍   번식 씨앗, 줄기, 자구
색이 고운 것이 특징이다. 잎은 둥근 도란형으로 은은한 은회갈색이나며 성글게 자란다.

## 카룬쿨라타

*Echeveria gibbiflora* var. *carunculata*



꽃색 분홍   번식 씨앗, 줄기, 자구
잎에 돌기가 있으며 많은 돌기가 있을수록 좋은 품종이다.

## 에케베리아 기간티아

*Echeveria gigantea*

다른 이름 기간티아 하이브리드
꽃색 분홍   번식 씨앗, 줄기, 자구
잎은 넓은 도란형으로 회청록색이 나며 잎가에 붉은 테무늬가 있고
붉은색으로 물이 든다.

## 길바

*Echeveria* 'Gilva'

**다른 이름** 레드 길바
**꽃색** 겉주홍속노랑　**번식** 잎, 씨앗, 줄기, 자구
아가보이데스의 교배종으로 여러가지 품종이 있다. 잎은 녹색으로
끝 부분이 붉은 빛을 띠다가 후에 붉게 물이 든다.

## 홍매화

*Echeveria* 'Ginmei-Tennyo'

**다른 이름** 긴메이텐요
**꽃색** 주황　**번식** 잎, 씨앗, 줄기, 자구
잎이 둥근 도란형이며 연녹색으로 자란다.

## 골든 글로우
*Echeveria* 'Golden Glow'

꽃색 겉주홍속오렌지　번식 씨앗, 줄기, 자구
여름에는 연두색이지만 의외로 붉게 물든다.

## 그라이스네리
*Echeveria* 'Graessneri'

다른 이름 슈가드
꽃색 분홍　번식 잎, 씨앗, 줄기, 자구
'슈가드'로 유통중이나 잘못된 이름이다.

### 그린 에메랄드

*Echeveria* 'Green Emerald'

**꽃색** 주홍　**번식** 잎, 씨앗, 줄기, 자구
비슷한 품종이 많다. 붉게 물들면 마치 다른 식물처럼 보인다.

### 백봉

*Echeveria* 'Hakuhou'

**꽃색** 연주홍　**번식** 잎, 씨앗, 줄기, 자구
잎이 넓고 둥근 도란형이며 은은한 색상의 품종으로 매우 인기가
좋다. 대형으로 자란다.

## 할빙게리

*Echeveria halbingeri*

## 부용

*Echeveria harmsii*

꽃색 주황   번식 씨앗, 줄기, 자구
잎이 긴 도란형으로 끝은 뾰족하고 털로 뒤덮여 있으며 붉게 물든
다. 잘 서지 못한다.

## 임브리카타금

*Echeveria imbricata* 'Variegata'

**꽃색** 분홍　**번식** 씨앗, 줄기, 자구
무늬 종으로 인기가 있다. 금색이 골고루 들어 있어 아름다운 품종
이다.

## 윈터선셋

*Echeveria imbricata* 'Winter Sunset'

**다른 이름** 미스터 리챠드, 아이브라이언로즈
**꽃색** 분홍　**번식** 씨앗, 줄기, 자구
임브리카타의 하위 변이종 혹은 그 교배종으로 추정된다. '미스터 리차
드', '아이브라이언로즈' 등의 여러가지 이름으로 유통되고 있다. 윈터
선셋으로 통일하는 것이 바람직하다.

# 이리아 크리스타타
*Echeveria* 'Iria Cristata'

**다른 이름** 이리야, 크리스탈
**꽃색** 분홍　**번식** 잎, 씨앗, 줄기, 자구
군생을 이룬다.

# 제이드 포인트
*Echeveria* 'Jade Point'

**꽃색** 노랑　**번식** 잎, 씨앗, 줄기, 자구
잎이 짧고 광택이 있으며 붉게 물든다. '아가보이데스'와 '폴리도니스'의 교배종으로 보인다.

### 존 다니엘

*Echeveria* 'Joan Daniel'

**다른 이름** 조앤 다니엘, 존안 다니엘
**꽃색** 겉주황속노랑　**번식** 잎, 씨앗, 줄기, 자구
짧은 털로 뒤덮여 있다. 부모의 학명은 'E. setosa var. ciliata x E. nodulosa'이다.

### 주니퍼

*Echeveria* 'Juniper'

**꽃색** 분홍　**번식** 잎, 씨앗, 줄기, 자구
연분홍빛으로 물드는 모습이 아주 곱다. 웃자라기 쉬운 품종이다.

### 혁려

*Echeveria* 'Kakurei'

**꽃색** 분홍　**번식** 씨앗, 줄기, 자구
이름과 모양이 비슷한 식물로는 '혁장'이 있다. '혁장'은 밝은 붉은색
으로 물든다.

### 크라우스

*Echeveria* 'Krauss'

**다른 이름** 홍랑
**꽃색** 분홍　**번식** 줄기, 자구
더위에 매우 약하다.

### 라우이

*Echeveria laui*

**꽃색** 연어빛진분홍　**번식** 잎, 씨앗, 줄기, 자구
백색분으로 뒤덮여있다. 분을 벗겨보면 잎은 붉은색으로 물들어 있다. 백분이 벗겨지면 다시 생기지 않는다. 다룰 때 주의가 필요하다.

철화

### 라우린제

*Echeveria* 'Laulindsa'

**다른 이름** 라우이린제
**꽃색** 연어빛분홍　**번식** 잎, 씨앗, 줄기, 자구
'라우이'와 '린제아나'의 교배종이다. 잎이 좁고 두께감이 적은 것은 '라우린제'로 유통되고 잎이 짧고 두터운 종은 '먼로'로 유통된다.

철화

## 리라키나

*Echeveria lilacina*

**다른 이름** 릴리시나
**꽃색** 연어빛분홍   **번식** 잎, 씨앗, 줄기, 자구
대형종으로 배추 정도의 크기로 자란다. 잎색은 은회색이 난다.

## 롤라

*Echeveria* 'Lola'

**꽃색** 겉주홍속붉은오렌지   **번식** 잎, 씨앗, 줄기, 자구
'릴리시나(라일라시나)'와 '정야'의 교배종이다. 잎 색은 회청록색이지
만 후에 연회자갈색이 난다.

## 롤리타

*Echevaria* 'Lolita'

번식 씨앗, 줄기, 자구
연분홍색의 아름다운 잎을 지닌 품종이다.

## 롱기시마

*Echeveria longissima*

꽃색 겉주홍속노랑끝은녹색  번식 씨앗, 줄기, 자구
뒷부분이 붉은 것이 특징이다.

## 론자니

*Echeveria* 'Lonzanii'

**꽃색** 분홍   **번식** 씨앗, 줄기, 자구
회색빛 또는 분홍빛으로 물든다.

## 메비나

*Echeveria* 'Mebina'

**다른 이름** 여주
**꽃색** 분홍   **번식** 잎, 씨앗, 줄기, 자구
군생을 이루며 자란다. 바닥으로 깔리는 성질의 품종이다. 겨울에는
붉게 물든다.

# 메모리

*Echeveria* 'Memory'

다른 이름 론에반스
꽃색 주황　번식 잎, 씨앗, 줄기, 자구
소형종으로 붉은색으로 물든다.

# 미니 벨레

*Echeveria* 'Mini Belle'

다른 이름 홍련, 미니벨
꽃색 주황　번식 씨앗, 줄기, 자구
여름에는 초록색이나 겨울에는 붉은색으로 물든다.

## 미니마

*Echeveria minima*

꽃색 겉빨강속노랑   번식 씨앗, 줄기, 자구

소형 종으로 군생을 이루며 자라는 인기종이다. 국내에 유통되는 '미니마' 종류는 유사한 것이 많다. 비슷한 종에는 '씨에라', '블루미니마', '로이드' 등이 있다.

## 미스티 블루

*Echeveria* 'Misty Blue'

꽃색 분홍   번식 씨앗, 줄기, 자구

자라면서 대부분 금형태의 모습으로 바뀌는 품종이다.

# 몬타나

*Echeveria montana*

**꽃색** 주홍　**번식** 씨앗, 줄기, 자구
붉게 물드는 품종이다.

# 문 갓디스

*Echeveria* 'Moon Goddess'

**꽃색** 노랑　**번식** 씨앗, 줄기, 자구
프릴 종류의 품종이다. 같은 이름으로 프릴 종류가 아닌 별개의 식
물도 유통되고 있다.

## 모라니

*Echeveria* 'Moranii'

**꽃색** 주홍　**번식** 씨앗, 줄기, 자구
같은 이름으로 모양은 같지만 색이 다른 두 가지 품종이 유통되고
있다.

## 모닝 라이트

*Echeveria* 'Morning Light'

**꽃색** 주홍　**번식** 씨앗, 줄기, 자구
'핑키'와 흡사하다. 암자주색이 아름답다. 항상 핑크색이다.

# 물티카울리스

*Echeveria multicaulis*

**다른 이름** 멀티컬러립스틱
**꽃색** 겉주홍끝과속오렌지  **번식** 잎, 씨앗, 줄기, 자구
직광에서만 붉게 물드는 품종이다. 여름에는 초록이나 겨울에는 붉게 물든다.

# 꽃뗏목

*Echeveria nayaritensis*

**다른 이름** 꽃돛단배, 꽃아카다
**꽃색** 분홍  **번식** 잎, 씨앗, 줄기, 자구
짙은 적색인데 꽃아카다금이 인기종이다.

Crassulaceae E

## 니크사나

*Echeveria* 'Nicksana'

**꽃색** 분홍　**번식** 잎, 씨앗, 줄기, 자구
'군기'로 유통된 적이 있다.

## 니발리스

*Echeveria* 'Nivalis'

**다른 이름** 나발리스, 펑키
**꽃색** 주홍　**번식** 잎, 씨앗, 줄기, 자구
겨울에는 분홍빛으로 물드는데 빛이 많아야 한다.

## 마르기나타

*Echeveria nodulosa* 'Marginata'



잎 앞면에는 무늬가 없고 뒷면에만 무늬가 있다.

## 페인티드 뷰티

*Echeveria nodulosa* 'Painted Beauty'



환엽홍사는 잎에 돌기가 나타난다.

환엽홍사

## 팔리다

*Echeveria pallida*

다른 이름 파리다, 상학
꽃색 주적   번식 잎, 씨앗, 줄기, 자구
밝은 연두색빛은 싱그러운 느낌을 주며 분홍색으로 물든다.

## 팔리다 '프린스'

*Echeveria pallida* 'Prince'

다른 이름 파리다 프린스
꽃색 분홍   번식 잎, 씨앗, 줄기, 자구
'팔리다'와 흡사하나 잎가에 뚜렷한 붉은 선이 있다.

### 파티 드레스

*Echeveria* 'Party Dress'

꽃색 주적   번식 씨앗, 줄기, 자구
잎은 녹색으로 광택이 나며 후에는 붉은 색으로 물이 든다. 잎가는
잔주름이 져있다.

### 을녀몽

*Echeveria* 'Paul Banyan'

꽃색 분홍   번식 씨앗, 줄기, 자구
'엠보스드 젬'과 비슷하다. 잎은 넓은 도란형이며 돌기가 나고 녹색
이지만 붉은색으로 물이 든다.

## 피치 프라이드

*Echeveria* 'Peach Pride'

다른 이름 비취후리데
꽃색 붉은 오렌지   번식 씨앗, 줄기, 자구
옥색빛의 품종으로 분홍빛으로 약간 물든다.

## 페아코키

*Echeveria peacockii*

꽃색 주홍   번식 씨앗, 줄기, 자구
무리를 이루면서 성장한다. '피코키'로 유통 중인 식물이 많다.

## 파우더 블루
*Echeveria* 'Powder Blue'

다른 이름 화이트 로즈
꽃색 주홍   번식 잎, 씨앗, 줄기, 자구
두 가지 이름으로 유통된다. 파란색이 강하므로 '파우더 블루'라고
한다.

## 프리티 인 핑크
*Echeveria* 'Pretty in Pink'

다른 이름 핑크프리티
꽃색 주홍   번식 잎, 씨앗, 줄기, 자구
분홍빛으로 물든다.

## 프린세스 레이스

*Echeveria* 'Princess Lace'

**꽃색** 주홍   **번식** 씨앗, 줄기, 자구
연한 분홍빛으로 물든다. 꽃을 보면 에케베리아가 아닌 것처럼 보인다. 사진은 어린 모종이나 대형종으로 자란다.

## 리틀장미

*Echeveria prolifica*

**꽃색** 연녹색을 띈 연황색   **번식** 잎, 씨앗, 줄기, 자구
작은 장미 모양으로 군생을 이룬다. 웃자람이 심한 식물이다.

# 여제

*Echeveria pulidonis*

다른 이름 상부련
꽃색 노랑　번식 잎, 씨앗, 줄기, 자구
여러가지 이름으로 불리며 조금씩 다르다.

# 푸리린드사이아나

*Echeveria puli-lindsayana*

다른 이름 화안등, 황홀한연꽃, 프리린제, 프리렌제
꽃색 노랑　번식 잎, 씨앗, 줄기, 자구
여러가지 이름으로 불리며 조금씩 다르다. 약간의 차이가 있으나 구분하기 어렵다.

## 왕비배

*Echeveria pulvinata* 'Frosty'

다른 이름 백금황성, 풀비나타 프로스티
꽃색 겉주홍속노랑　번식 줄기, 자구
백색 털로 뒤덮여 있다. 이름이 비슷한 품종에는 Echeveria leuctricba 'Frosty'(류코트리카 프로스티)가 있다.

## 풀비나타 '루비'

*Echeveria pulvinata* 'Ruby'

다른 이름 금황성
꽃색 겉빨강속노랑　번식 줄기, 자구
서는 성질이 강한 식물이다. 전체가 털로 덮혀 있으며 빨간색으로 물든다.

## 퍼플 프린세스

*Echeveria* 'Purple Princess'



꽃색 주홍　번식 잎, 씨앗, 줄기, 자구

보라색으로 물들고, 종 모양의 주홍 꽃이 핀다.

## 대화금

*Echeveria purpusorum*

꽃색 겉주홍속노랑　번식 잎, 씨앗, 줄기, 자구

잎의 배열이 규칙적이어서 대칭이 정확한 품종으로 더디 자란다.
비슷한 품종에는 '홍매화금'이 있다.

### 라밀레테

*Echeveria* 'Ramillete'

꽃색 주황　번식 잎, 씨앗, 줄기, 자구

균형 잡힌 잎의 배열이 아름다운 품종이다. 겨울에는 분홍빛으로 물든다.

### 레즈리

*Echeveria* 'Rezry'

번식 잎, 씨앗, 줄기, 자구

잎은 청녹색으로 자라며 붉은 자갈색으로 물이 든다.

## 레즈리 미니마

*Echeveria* 'Rezry Minima'

**다른 이름** 원종 프리티
**번식** 잎, 씨앗, 줄기, 자구
작은 잎들이 군생을 이루며 자란다. 붉은 자갈색으로 물드는 미니종
으로 인기가 높은 품종이다.

## 루벨라

*Echeveria* 'Rubella'

**다른 이름** 누벨라
**번식** 잎, 씨앗, 줄기, 자구
여름에는 초록이나 겨울에는 연한 주황빛으로 물든다.

### 루니오니

*Echeveria runyonii*

**다른 이름** 원종 런요니
**꽃색** 주홍　**번식** 잎, 씨앗, 줄기, 자구
옅은 분홍빛으로 물든다.

### 탑시 터비

*Echeveria runyonii* 'Topsy Turvy'

**다른 이름** 특엽옥접
**꽃색** 주홍　**번식** 잎, 씨앗, 줄기, 자구
잎 끝이 하트 모양이다. 잎이 뒤로 말린 특이한 품종이다.

## 줄리아

*Echeveria* 'Scott Haselton'

**다른 이름** 파랑나비
**꽃색** 주홍  **번식** 씨앗, 줄기, 자구
'기간티아'와 '서브리기다'의 교배종으로, 잎이 하트 모양이고 잎가에
붉은 선이 있다.

## 씨 드래곤

*Echeveria* 'Sea Dragon'

**꽃색** 주홍  **번식** 씨앗, 줄기, 자구
풍성하고 부드러운 주름을 가진 프릴 모양이 아름다운 품종이다.

## 세쿤다

*Echeveria secunda*

꽃색 분홍   번식 씨앗, 줄기, 자구

## 칠복수

*Echeveria secunda* var. *glouca*

꽃색 분홍   번식 씨앗, 줄기, 자구
아름다운 꽃 모양의 식물로 자구가 많이 나오는 특징이 있다. 더위
에 약하다.

## 셋 올리버

*Echeveria* 'Set-Oliver'

다른 이름 홍휘염
꽃색 겉주홍속노랑   번식 씨앗, 줄기, 자구
전체가 잔털로 뒤덮여 있다. 국내에서 '도리스테일러'라는 이름으로
유통되고 있으나 '도리스테일러'라는 종은 따로 있다.

## 아오이나기사

*Echeveria setosa* 'Aoinagisa'

다른 이름 푸른물가, 세토사
꽃색 주홍   번식 잎, 씨앗, 줄기, 자구
소형종이다.

## 샴록

*Echeveria* 'Shamrock'

**다른 이름** 샴락
**꽃색** 겉주황속노랑　**번식** 잎, 씨앗, 줄기, 자구
'티나', '푸미라'와 비슷해 보인다. 겨울이면 붉게 물든다.

## 샤비아나

*Echeveria shaviana*

**꽃색** 분홍　**번식** 잎, 씨앗, 줄기, 자구
'샤비아나'와 '핑크프릴'은 다른 품종이므로 구분해야 한다.

## 실버 온 레드

*Echeveria* 'Silver on Red'

**꽃색** 분홍  **번식** 씨앗, 줄기, 자구
여름에는 초록빛이다. 겨울에는 붉게 물들고, 성장하면서 프릴이 많아진다.

## 스니디

*Echeveria* 'Sneedii'

**다른 이름** 스네디
**꽃색** 주홍  **번식** 씨앗, 줄기, 자구
어릴적에는 '파우더 블루'와 흡사하다.

금

## 스프루스 올리버

*Echeveria* 'Sprunce - Oliver'

다른 이름 올리버, 홍휘전
꽃색 주황　번식 씨앗, 줄기, 자구
잎의 뒷 면만 붉게 물든다.

## 스펙타빌리스

*Echeveria spectabilis*

다른 이름 구미무
꽃색 주황　번식 잎, 씨앗, 줄기, 자구
나무처럼 단단한 줄기로 자라며 겨울에는 붉게 물드는 품종이다.

## 수브알피나

*Echeveria subalpina*

**다른 이름** 섭알피나
**꽃색** 주홍   **번식** 잎, 씨앗, 줄기, 자구
잎 끝이 뾰족하며, 분홍빛으로 물든다.

## 화이어 앤 아이스

*Echeveria subrigida* 'Fire and Ice'

**꽃색** 주홍   **번식** 씨앗, 줄기, 자구
'사브리기다' 종에는 여러 종류가 있다. '사브리지다'종 중 백색분이
제일 많은 품종이다.

## 양로 에케베리아

*Echeveria subssilis*

**꽃색** 분홍   **번식** 잎, 씨앗, 줄기, 자구
단독으로 기르는 것보다 군생으로 기르는 것이 멋지다.

## 선댄서

*Echeveria* 'Sundancer'

**꽃색** 주홍   **번식** 씨앗, 줄기, 자구
겨울에는 분홍빛으로 물든다.

## 수피아

*Echeveria* 'Supia'

다른 이름 구미리, 숲의 요정
꽃색 주홍   번식 잎, 줄기
겨울에는 붉게 물드는 품종이다.

## 홍공작

*Echeveria* Takasago no Okina

꽃색 분홍   번식 잎, 씨앗, 줄기, 자구
국내 유통명은 '홍공작'이며 일본에서는 이 식물을 '고사옹'으로 부르
고 '한조소' 철화를 '홍공작'이라고 부른다.

## 티나

*Echeveria* 'Tina'

**꽃색** 겉주황속노랑   **번식** 잎, 씨앗, 줄기, 자구
'푸미라'와 비슷해 보이지만 '푸미라'보다 잎이 크다. 자구를 많이 달아 군생을 이루면서 자란다.

## 티피

*Echeveria* 'Tippy'

**꽃색** 살구색   **번식** 잎, 씨앗, 줄기, 자구
잎 끝이 붉게 물든다. 언뜻 보기에는 '정야'와 비슷해 보인다. 국내 일부에서 '티피'와 '자라고사'가 '자가로즈'라는 잘못된 이름으로 유통되기도 한다.

## 토리마넨시스

*Echeveria tolimanensis*

꽃색 주황 　 번식 잎, 씨앗, 줄기, 자구
잎이 에케베리아 속이 아닌 것처럼 보이지만 꽃을 보면 에케베리아
가 틀림없는 품종이다.

## 투르기다

*Echeveria turgida*

다른 이름 트리기다
꽃색 주황 　 번식 잎, 씨앗, 줄기, 자구
잎에 각이 있고 잎의 끝에 선이 붉게 물드는 품종이다.

### 턱시판

*Echeveria* 'Tuxpan'

**꽃색** 분홍　**번식** 잎, 씨앗, 줄기, 자구
잎의 배열이 조밀하다.

### 반 케펠

*Echeveria* 'Van Keppel'

**다른 이름** 아이보리
**번식** 잎, 씨앗, 줄기, 자구
모양이 아름다워 붉게 물들지 않지만 인기가 많다.

## 빅터 레이터

*Echeveria* 'Victor Reiter'

꽃색 겉분홍속노랑　번식 잎, 씨앗, 줄기, 자구
겨울엔 검붉은 색이며, 잎이 길고 끝이 뾰족하다.

## 바이올렛 퀸

*Echeveria* 'Violet Queen'

꽃색 분홍　번식 씨앗, 줄기, 자구
연분홍으로 물들고, 군생으로 자란다.

## 워디 원

*Echeveria* 'Worthy One'

**다른 이름** 워시원
**꽃색** 노랑　**번식** 잎, 씨앗, 줄기, 자구
'파키피툼속'과 '여제(풀리도니스)'의 교배종이다. 초록색의 잎가에 붉은 선이 은은하게 나타난다.

## 야마토렌

*Echeveria* 'Yamatoren'

**다른 이름** 대화연
**꽃색** 주황　**번식** 잎, 씨앗, 줄기, 자구
밝은 초록색의 잎가에 붉은 선이 선명하다.

## 조로

*Echeveria* 'Zorro'

**꽃색** 빨강　**번식** 씨앗, 줄기, 자구
매혹적인 검붉은 색을 지녔으며, 프릴류 중에서 색이 제일 짙은 편
이다.

**Graptopetalum**

## 아메티스티눔

*Graptopetalum amethystinum*

**다른 이름** 아메치스
**꽃색** 백색에 빨강무늬　**번식** 잎, 씨앗, 줄기, 자구
둥글고 통통한 잎이 아름다워 인기가 높은 품종이다.

## 타키투스 벨루스

*Graptopetalum bellum (Tacitus bellus)*

꽃색 진홍   번식 잎, 씨앗, 줄기, 자구
붉은색의 별모양 꽃이 핀다.

## 멘도자에

*Graptopetalum mendozae*

다른 이름 멘도사
꽃색 백색   번식 잎, 씨앗, 줄기, 자구
비슷한 종류로 '베라히긴즈'(Graptosedum 'Vera Higgins')가 있는데
'베라히긴즈'보다는 '멘도자에'의 잎이 조금 크며 두툼하다.

베라히긴즈

## 블루빈스

*Graptopetalum* 'Pachyphyllum'

꽃색 백색 바탕에 붉은색 무늬　번식 잎, 씨앗, 줄기, 자구
하늘색의 작은 잎들이 특이하며 웃자라기 쉬운 품종이다.

## 용월

*Graptopetalum paraguayense*

꽃색 백색　번식 잎, 씨앗, 줄기, 자구
아름다운 수형을 자랑하는 품종이다. 비슷한 품종으로는 모양은 같
지만 색이 다른 분홍색을 띠는 '홍용월'도 있다.

## 수페르붐

*Graptopetalum superbum*

## 브롱즈

*Graptosedum* 'Bronze' *(Graptopetalum bronze)*

다른 이름 프리티
꽃색 노랑  번식 잎, 씨앗, 줄기, 자구
서지 못하고 아래로 늘어지며 자라는 품종이다.

금

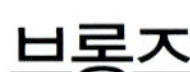

## 프란세스코 발디

*Graptosedum* 'Francesco Baldi'

꽃색 노랑　번식 잎, 씨앗, 줄기, 자구
멋진 수형을 자랑하는 품종으로, 분홍색으로 물든다.

## 고스티

*Graptosedum* 'Ghosty'

꽃색 노랑　번식 잎, 씨앗, 줄기, 자구
'용월'과 모습이 비슷하나 분홍빛으로 물든다. '용월'과 세둠 속의 속
간 교배종으로 추정된다.

## 어 그림 원

*Graptoveria* 'A Grimm One'

다른 이름 에그린 원, 그라소니
꽃색 노랑   번식 잎, 씨앗, 줄기, 자구
잎 끝의 붉은 점이 매력적이다. 흡사한 품종으로는 '홍령'이 있다. '어
그림 원'은 물이 잘 안들며 '홍령'은 물이 잘든다. 물들기 전에는 구분
이 어렵다.

## 홍포도

*Graptoveria* 'Amethorum'

다른 이름 아메트롬
번식 잎, 씨앗, 줄기, 자구   여름색 초록빛분홍
이름과 같이 붉은 빛으로 잘 물든다.

## 연봉

*Graptoveria* 'Bainesii'



**다른 이름** 오팔금
**꽃색** 노랑   **번식** 잎, 씨앗, 줄기, 자구
잎이 커서 큰 화분에 적합하다. '오팔금'은 '연봉'의 변이종인데 그늘
에 두어야 잎의 무지갯빛을 감상 할 수 있다. 그러나 볕에 두면 무지
갯빛이 없어 진다.

오팔금

## 초연

*Graptoveria* 'Douglas Huth'

**번식** 잎, 씨앗, 줄기, 자구
아름다운 분홍빛의 품종인데, 과습과 더위에 약해서 기르기 까다롭다.

## 데비

*Graptoveria* 'Debbie'

**꽃색** 주홍  **번식** 잎, 씨앗, 줄기, 자구
**여름색** 분홍빛회색  **겨울색** 분홍
분홍빛의 아름다운 품종이다. 더위와 추위에 매우 약하다. 벌레가
잘 생긴다.

금

## 흑괴리

*Graptoveria* 'Fred Ives'

**꽃색** 노랑  **번식** 잎, 씨앗, 줄기, 자구
과거 한때 '메탈리카'(E. gibbiflora var. Metallica)라는 잘못된 이름으
로 알려졌다. 대형종으로 주로 큰 화분에 심는데 어릴적부터 메마르
게 기르면 작게도 기를 수 있다.

## 오팔리나

*Graptoveria* 'Opalina'

**꽃색** 크림색에 붉은점무늬   **번식** 잎, 씨앗, 줄기, 자구
분홍빛으로 물드는 품종이다.

## 실버스타

*Graptoveria* 'Silver Star'

**다른 이름** 은성
**꽃색** 연분홍   **번식** 잎, 씨앗, 줄기, 자구
빛이 강하면 화상을 입는 품종으로, 약간의 차광이 필요한 식물이다.

## 백모단

*Graptoveria* 'Titubans'



여름철 더위에 약한 품종이다. 온도가 높으면 줄기가 마르며 잎들이
우수수 떨어진다.

## 그리노비아 기간티아

*Greenovia diplocycla* **var.** *gigantea*

꽃색 노랑　번식 자구번식

*Greenovia diplocycla*(구학명). 여름에는 사진처럼 계란모양이지
만 겨울에는 잎을 활짝 편다.

# 팡

*Kalanchoe beharensis* 'Fang'

**다른 이름** 몬스테로사(*Kalanchoe beharensis* 'Monstruosa')
**번식** 잎, 줄기, 자구
온몸이 잔털로 뒤덮여 있다.

# 로즈 리프

*Kalanchoe beharensis* 'Rose Leaf'

**번식** 잎, 줄기, 자구
'선녀무'(Kalanchoe beharensis)의 변이종이다. 온몸이 잔털로 덮여
있으며, 잎을 잘게 잘라 놓아도 싹이 나오는 특이한 품종이다.

### 천손초

*Kalanchoe daigremontiana*

꽃색 연주홍   번식 클론, 줄기

'손이 천개'라는 이름을 가지게 된 것은 잎 끝에 달리는 클론 때문이
다. 클론을 떼어 심어도 잘 자란다.

### 불사조

*Kalanchoe daigremontiana* X *K. tubiflora* 'Variegata'

꽃색 분홍   번식 클론, 줄기

잎 끝에 클론이 달리는 품종이다. 클론을 떼어 심으면 잘 자란다.

## 금접

*Kalanchoe delangoensis*

**다른 이름** 샹들리에
**꽃색** 주황  **번식** 클론, 줄기
꽃대를 높이 올려 꽃을 탐스럽게 피우기 때문에 '샹들리에'라고 불린다. 잎 끝에 클론들이 달리며, 클론을 떼어 심으면 잘 자란다. 이렇게 번식하는 식물을 클론식물이라고 한다.

## 복토이

*Kalanchoe eriophylla*

**꽃색** 백색  **번식** 줄기, 자구
백색의 털로 뒤덮여 있어 복실복실 귀여운 느낌을 주는 품종이다. 일부에서는 '백토이' 라고도 부르지만 '에케베리아속'의 '백토이'(Echeveria leucotricha)와 혼동을 피하기 위해 '복토이' 라는 이름이 알맞다.

## 무늬칠변초

*Kalanchoe fedtschenkoi* **f.** *variegata*

다른 이름 호접무금
꽃색 분홍    번식 클론, 줄기
분홍빛과 상아색이 어우러진 아름다운 품종이다. 한겨울에 피는 분
홍꽃도 아름답다.

## 가스토니스 본니에리

*Kalanchoe gastonis-bonnieri*

꽃색 연홍    번식 클론, 줄기
얼룩거리는 잎도 특이하지만 잎 끝에 달리는 클론도 특이하다. 클론
을 떼어 심으면 잘 자란다. 꽃도 꽃대를 높이 올려 피워 멋지다.

## 피구에이레도이

*Kalanchoe humilis* 'Figueiredoi'

**다른 이름** 피구에레도이
**꽃색** 진분홍  **번식** 잎, 줄기, 자구
잎의 무늬가 화려한데 반하여 꽃은 별로 예쁘지 않다.

## 만손초

*Kalanchoe laetivirens*

**다른 이름** 라에티비렌스
**꽃색** 주홍  **번식** 클론, 줄기
넓은 잎에 클론이 쪼르르 달리며, 분홍빛으로 물이 들며 겨울에 주
홍빛 꽃이 핀다. 서는 성질의 품종이다.

## 마모라타
*Kalanchoe marmorata*



다른 이름 강호자
꽃색 백색   번식 줄기, 자구
잎에 얼룩무늬가 특이하다.

## 선인무
*Kalanchoe orgyalis*

다른 이름 세모리아
꽃색 노랑   번식 잎, 줄기, 자구
잎의 앞면과 뒷면의 색이 다르며 질감이 독특하다. 위로 곧게 자라
는 품종이다.

## 선작

*Kalanchoe rhombopilosa*

**다른 이름** 백호
**번식** 잎, 줄기, 자구

잎에 얼룩무늬가 있으며, 스치기만 해도 잎이 떨어지는 특징이 있다. '흑호'라는 검은색의 품종도 있다.

## 원패초

*Kalanchoe scapigera*

**꽃색** 빨강  **번식** 잎, 줄기, 자구

붉은 꽃이 눈길을 끄는 식물로, 과습하면 줄기 아래쪽의 잎들에서 검은 반점이 나타난다.

## 당인

*Kalanchoe thyrsiflora*

꽃색 백색   번식 씨앗, 줄기, 자구
붉게 물드는 식물이다. 휴면기인 여름에는 지저분해 보일수가 있다.
여름에는 초록빛이고 겨울에는 붉은빛을 띤다.

금

## 월토이

*Kalanchoe tomentosa*

꽃색 자주빛보라   번식 잎, 줄기, 자구
온몸이 털로 뒤덮여 있다. 잎을 잘게 잘라서 놓아도 잎에서 싹이 나
온다.

## 천대전송

*Pachyphytum compactum*

꽃색 연분홍속분홍    번식 잎, 씨앗, 줄기, 자구
구슬모양의 초록빛 잎이 겨울에는 주황색으로 물든다. 더디게 자라
며 자랄수록 멋있는 품종이다.

철화

## 청성미인

*Pachyphytum* 'Doctor Cornelius'

꽃색 진홍    번식 잎, 씨앗, 줄기, 자구
겨울에 진분홍색으로 물든다. 비슷한 식물에 '스윗캔디'라는 식물이
있는데 '청성미인'과 어릴적에는 구분이 힘들다. '스윗캔디'는 '청성
미인'보다 붉은 빛으로 물이 잘들며 크면 줄기에서 끈적임과 광택을
보인다.

### 경미인

*Pachyphytum oviferum* 'Kyobijin'

꽃색 분홍   번식 잎, 씨앗, 줄기, 자구
푸른색의 잎 끝이 백색으로 점을 찍은 듯하다. 겨울에 주황빛으로
물이 드는데 1년생은 물이 들지 않는다.

### 월미인

*Pachyphytum oviferum* 'Tsukibijin'

꽃색 분홍   번식 잎, 씨앗, 줄기, 자구
회색이었다가 겨울에 보랏빛이 도는 분홍색으로 물이 들며 잎 끝이
둥글다.

### 간저우

*Pachysedum* 'Ganzhou'

**다른 이름** 간주
**꽃색** 연어빛분홍    **번식** 잎, 씨앗, 줄기, 자구
잎이 다른 품종들에 비해 긴 편으로 색상은 멋진 분홍색과 주황색의 중간색으로 물든다.

### 자려전

*Pachyveria* 'Blue Mist'

**다른 이름** 보라 자려전
**꽃색** 빨강    **번식** 잎, 씨앗, 줄기, 자구
'자려전'과 보라색을 띠는 '보라자려전'이 있는데 '보라자려전'은 '레인보우'라는 유통명을 가지고 있다. 겨울에 보라색으로 물든다.

보라 자려전

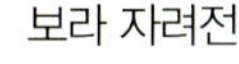

## 일레인 라이넬트

*Pachyveria* 'Elaine Reinelt'

 후레뉴
 주홍　 잎, 씨앗, 줄기, 자구
회색에서 겨울에는 주황색으로 물드는데 첫 해에는 물들지 않으며
2년 이상이 되어야 물이든다.

## 상조

*Pachyveria exotica*

 서리의 아침
 주황　 잎, 씨앗, 줄기, 자구
백색이며 분이 많은 식물이다. 겨울에 옅은 분홍색으로 물든다.

## 글라우카

*Pachyveria glauca*

**다른 이름** 그리니
**꽃색** 겉주황속황색  **번식** 잎, 씨앗, 줄기, 자구
잎 끝이 뾰족하다. 회색빛의 옥색에서 겨울에는 주황색으로 물이 드는데 빛이 많아야 물이 잘 든다.

## 조셀린스 조이

*Pachyveria* 'Jocelyn`s Joy'

**다른 이름** 조슬린스 조이
**꽃색** 분홍  **번식** 씨앗, 줄기, 자구
잎의 선들이 마치 핏줄처럼 보인다. '미르틸라'(유통명: 비올라센스)의 금 변이종이다.

# 미르틸라
*Pachyveria* 'Myrtilla'

**다른 이름** 비올라센스, 바이올레슨스
**꽃색** 주홍

예전에는 *Echeveria gibbiflora* 'Violescens'라는 학명으로 알려져 '바이올레슨스', '비올라센스' 등의 이름으로 유통되었으나 최근 오류임이 밝혀졌다. 파키베리아속 교배종으로 재분류되면서 '미르틸라'라는 새로운 이름이 붙여졌다. 회색의 잎이 겨울에는 분홍색으로 물든다.

# 군기
*Pachyveria nobile* 'Clevelandii'

**번식** 줄기, 자구

잎에 각이 있어 단정해 보인다.

## 입전

*Pachyveria scheideckeri* **var.** *albocarinata*

꽃색 주황   번식 잎, 씨앗, 줄기, 자구
여름에는 회색이고 겨울에는 분홍색으로 물든다.

철화

Sedeveria

## 달리데일

*Sedeveria* 'Darley Dale'

다른 이름 데일리데일
꽃색 노랑   번식 잎, 씨앗, 줄기, 자구
잎의 앞면과 뒷면의 색이 다르다. 뒷면 중앙에 선이 있다. 웃자람이
심하다. 겨울에는 자주색으로 물든다.

## 팡파레

*Sedeveria* 'Fanfare'

**꽃색** 노랑   **번식** 잎, 씨앗, 줄기, 자구
오래 기르면 목질화 된다. 옥색빛이 아름답다. 어릴적에는 웃자람이
심하다.

## 그린 로즈

*Sedeveria* 'Green Rose'

**꽃색** 노랑   **번식** 잎, 씨앗, 줄기, 자구
에케베리아 '그린로즈'와는 품종이 다르다

## 제트 비드즈

*Sedeveria* 'Jet Beads'

번식 잎, 씨앗, 줄기, 자구
검은 구슬이 줄기에 달려있는 모양이다. 여름에는 초록색이며 겨울
에는 밤색으로 물든다.

## 레티지아

*Sedeveria* 'Letizia'

꽃색 백색　번식 잎, 씨앗, 줄기, 자구
여름에는 초록색이며 겨울에는 붉은 색으로 물든다.

## 구슬얽기
*Sedeveria* 'Supar Brow'

**꽃색** 백색   **번식** 잎, 씨앗, 줄기, 자구
겨울이면 초록색이 노란색으로 물든다. 구슬 얽기를 매달아 키우면 늘어지는 것이 멋지다.

## 옐로우 험버트
*Sedeveria* 'Yellow Humbert'

**다른 이름** 스노우제이드
**꽃색** 노랑
서는 성질이 강한 식물이다. 겨울에는 노랗게 물들지만 잎 끝은 붉게 물든다.

## 명월

*Sedum adolphi*

꽃색 백색   번식 잎, 씨앗, 줄기, 자구
명월은 과거에 Sedum nussbaumerianum으로 분류되었으나 최
근 이 학명은 폐기되고 Sedum adolphi로 학명이 바뀌었다.

## 춘맹

*Sedum* 'Alice Evans'

꽃색 백색   번식 잎, 씨앗, 줄기, 자구
초록색이 강한 품종이다. 노란색으로 물들며 잎 끝에만 붉은색으로
물든다.

## 알란토이데스
*Sedum allantoides*

**꽃색** 녹색을 띤 백색  **번식** 줄기, 자구
옥색이다. 짧으면서도 두툼한 잎이 특이하다. 서는 성질의 식물이다.

## 청옥
*Sedum burrito*

**꽃색** 분홍  **번식** 잎, 씨앗, 줄기, 자구
아래로 늘어지는 성질을 가진 식물이다. 옥색에서 겨울에는 노란색
으로 변한다.

### 라울

*Sedum clavatum*



꽃색 백색　번식 잎, 씨앗, 줄기, 자구

일본과 국내 일부에서 '크라바쯤'이라는 이름으로 유통되는 식물이 '라울'과 같은지 여부에 대해 의견이 갈리고 있다. '라울'은 분이 많고 탁한 옥색이며 '크라바쯤'으로 유통되는 식물은 분이 적으며 밝은 옥색이고 이 둘은 거의 유사한 모습이어서 구별이 쉽지 않다.

크라바쯤

### 코믹스툼

*Sedum commixtum*

꽃색 붉은 갈색　번식 줄기, 자구

빛이 부족하면 웃자람이 심한 품종이다. 하지만 빛이 충분하면 앙증맞은 모습을 볼 수 있다. 여름에는 하늘색이고 겨울에는 잎가만 붉어진다.

## 청솔

*Sedum corynephyllum*

다른 이름 금송
꽃색 노랑   번식 줄기, 자구
겨울이면 잎 끝부분부터 노란색으로 물드는 품종이다. 팔천대와 비슷하다.

## 구슬세둠

*Sedum dasyphyllum*

다른 이름 방울세둠, 좀방울세둠
꽃색 백색   번식 잎, 씨앗, 줄기, 자구
잎들이 작다 못해 미세하다. 미세한 잎에 미세한 털들이 나있다. 비슷하게 생긴 '희성미인'은 미세한 털이 없으며 더 굵다.

## 옥연

*Sedum furfuraceum*

꽃색 백색　번식 잎, 씨앗, 줄기, 자구
작은 구슬 모양의 잎이 줄기에 붙어 있다. 겨울에는 자주색으로 물
든다.

## 황려

*Sedum* 'Golden Glow'

다른 이름 황려금, 세둠 '골든글로우'
꽃색 백색　번식 잎, 씨앗, 줄기, 자구
노란빛으로 물드는 식물이다. 황려는 과거 Sedum adolphi로 분류
되었으나 최근 Sedum 'Golden Glow'로 학명이 바뀌었다. 에케베
리아속에 속하는 '골든 글로우'(Echeveria 'Golden Glow')와는 다르다.

금

## 녹귀란
*Sedum hernandezii*

꽃색 노랑　번식 잎, 씨앗, 줄기, 자구
통통한 구슬 모양의 잎들이 특이하다. 잎 표면이 보면 미세한 실로
뒤덮여 있다.

## 윈클레리
*Sedum hirsutum* subsp. *baeticum* 'Winklerii'

다른 이름 윈켈리
꽃색 백색　번식 자구
땅으로 기는 성질의 품종이다.

## 조이스 툴러크

*Sedum* 'Joyce Tulloch'

꽃색 노랑   번식 잎, 줄기, 자구
작은 잎들이 붉게 물드는 특징이 있다. 작은 꽃이 피는데 꽃대가 어수선해 보인다. 겨울에는 빨갛게 물든다.

## 리틀 뷰티

*Sedum* 'Little Beauty'

꽃색 노랑   번식 잎, 씨앗, 줄기, 자구
겨울에 분홍빛으로 물든다. 웃자라기 쉽다.

## 송록

*Sedum lucidum*

다른 이름 **구엽송록**

꽃색 **백색**  번식 잎, 씨앗, 줄기, 자구

꽃에서 향기가 난다. 겨울에 빨갛게 물든다.

## 환엽송록

*Sedum lucidum* 'Obesum Cristata'

꽃색 **백색**  번식 잎, 씨앗, 줄기, 자구

둥그스름하고 통통한 잎에 광택이 있다. 백색의 꽃에서 은은한 향기가 난다. 송록과 꽃의 모양이나 향기는 같다. 겨울에 빨갛게 물든다.

## 모로가니아눔

*Sedum morganianum*

다른 이름 옥주염
번식 잎, 줄기, 자구
'청옥'과 흡사하나 잎 끝이 뾰족하다.

## 소송록

*Sedum multiceps*

꽃색 노랑   번식 줄기, 자구
소나무를 축소해 놓은 듯한 모습이다. 다른 품종에 비해 물을 좋아
한다.

## 네비

*Sedum nevii*

꽃색 백색　번식 줄기, 자구
땅으로 기는 성질의 품종이다.

## 박화장

*Sedum palmeri*

꽃색 노랑　번식 줄기, 자구
야생화를 연상시키는 식물로 잎가만 연한 분홍으로 물든다.

## 홍옥

*Sedum rubrotinctum*

꽃색 노랑　번식 잎, 줄기, 자구
볕이 적으면 초록빛으로 볕이 많으면 빨강빛으로 물드는 품종이다.

## 오로라

*Sedum rubrotinctum* 'Aurora'

꽃색 노랑　번식 잎, 줄기, 자구
'홍옥'의 금 변이종이다. '오로라'를 잎꽂이 하면 '홍옥'이 나온다.

# 다람쥐꼬리 세둠
*Sedum sexangulare*

꽃색 노랑　번식 줄기, 자구
소형종이다.

# 그린펫
*Sedum* 'Spiral Staicase'

다른 이름 그린에또
꽃색 백색　번식 줄기, 자구
바늘 모양의 잎이 줄기에 촘촘히 달려 있다. 웃자라기 쉬운 품종이다.

## 군월관

*Sedum* 'Spring Jade'

**다른 이름** 스프링제이드, 백장단
**꽃색** 노랑　　**번식** 잎, 씨앗, 줄기, 자구
무리를 이루는 군생의 모습이 더욱 더 멋지다.

## 오색기린초

*Sedum spurium* 'Tricolor'

**번식** 줄기, 자구
잎의 색이 아름답다. 기는 성질의 식물이다.

## 스탈리

*Sedum stahlii*

다른 이름 옥엽, 산호목걸이
꽃색 노랑　번식 줄기, 자구
붉은 구슬 모양의 잎들이 앙증맞다. 잎이 잘 떨어지는 특징이 있으며 그늘에 둘 경우 웃자람이 심하다.

## 스와베오렌스

*sedum suaveolens*

꽃색 백색　번식 잎, 줄기, 자구
백색의 아름다운 식물이다. 옅은 분홍색으로 물든다.

## 부사

*Sedum treleasei*



**다른 이름** 토레아시
**꽃색** 노랑　**번식** 잎, 줄기, 자구
옥색이며 잎은 짧고 두툼하다. 서는 성질의 품종이다.

## 해여렌

*Sedum treleasiei* 'Haren'

**다른 이름** 세덤 브라우
**꽃색** 노랑　**번식** 잎, 줄기, 자구
'부사와 비슷하나 잎이 약간 길쭉하다.

# 거미줄바위솔

*Sempervivum arachnoideum*

꽃색 분홍    번식 자구

거미줄 모양의 줄들이 독특하다. 꽃이 피면 죽어버린다.

# 바위솔 '브롱코'

*Sempervivum* 'Bronco'

다른 이름 호랑이발톱바위솔

꽃색 분홍    번식 자구

잎 끝이 가시처럼 뾰족하다. 겨울이면 붉은 갈색으로 물든다.

## 까치바위솔

*Sempervivum calcoreum*

꽃색 분홍   번식 자구

잎 끝의 검은색이 매력적이다.

## 오디티

*Sempervivum* 'Oddity'

꽃색 분홍   번식 자구

잎이 말려있는듯한 특이한 모양이다.

## 청바위솔

*Sempervivum* 'Pekinese'

**꽃색** 분홍　**번식** 자구

동절기에 거미줄이 나타난다. 하절기에는 거미줄을 볼 수 없다. 동절기에는 잎을 오므리고 있으며 겉 잎은 붉으스름하게 물든다.

## 입전봉

*Sinocrassula densirosulata*

**번식** 줄기

자칫 웃자라기 쉬운 품종이다.

## 인디카

*Sinocrassula indica*

꽃색 빨강　번식 잎, 줄기, 자구
소형종이다. 물이 잘들어 색이 아름답다. 건드리면 잎이 잘 떨어지
며 웃자라기 쉽다.

## 사마로

*Sinocrassula yunnanensis*

꽃색 빨강　번식 잎, 줄기, 자구
검은색의 식물이다. 짧은 털로 뒤덮여 있다.

# 군란

*Tylecodon schaeferanus*

**다른 이름** 세레리아
**꽃색** 연분홍, 백색　　**번식** 줄기, 자구
줄기를 고목과 같은 느낌으로 기를 수 있다. 잎이 잘 떨어지는 단점
이 있다.

원종희의
# 다육식물 Know-how

## 아드로미스쿠스 속
Adromischus

천금장, 녹란, 어소금 등의 품종이 있는데 일반적인 다육식물 키우기 방법에 따라 키우세요. 특히 어소금은 멋진 줄기와 뿌리 쪽을 올려 심어 분재처럼 연출할 수 있습니다. 여름이 성장기이며 겨울이 휴면기입니다.

## 아에오니움 속
Aeonium

아에오니움 속 식물을 처음 접했을 때 '참 우산 모양처럼 생겼구나!'라고 생각했어요. 가장 처음 본 식물이 흑법사와 일월금이었거든요. 아에오니움 속 대부분은 중앙에 줄기가 있고 줄기 끝에 잎들이 달린 모양입니다. 잎들이 꽃 모양이라 아름답기도 하지만 줄기의 수형도 잘 만들면 아주 멋져요.

**관리법** 대부분의 아에오니움 속은 잎이 약해서 살짝 스치기만 해도 상처가 생겨버려요. 잎에 상처가 있으면 마치 병든 것처럼 보이니 소중히 다뤄주세요.

**휴면기** 아에오니움 속은 성장기인 여름에는 잎이 길고 볼품없는 모습이지만 휴면기인 겨울에는 물이 들며 잎은 짧아지고 동그랗게 모아져서 예쁜 모습으로 변합니다.

| 번식방법 | 엽삽이 되는 품종이 거의 없고 줄기삽으로 쉽게 잘 번식해요. |

| 월동온도 | 아에오니움 속은 다육식물 중에서도 추위에 가장 약하기 때문에 겨울에도 따뜻하게 유지해야 합니다. 베란다에서도 온도가 높은 곳에 놓고 키우거나 빛이 잘 드는 거실에서 키우세요. 영하 날씨가 되면 마치 잎이 한 번 삶은 것처럼 늘어져 버리니 주의하세요. |

# 크라술라 속
## Crassula

크라술라 속은 가장 흔하게 볼 수 있는 다육식물이에요. 오래전부터 우리나라에 들어와 국민 다육이가 된 염자는 집집마다 없는 집이 없을 정도랍니다. 크라술라 속의 품종들은 다양한 모양과 색상을 자랑해요.

| 관리법 | 크라술라 속은 크게 두 부류로 나누어 관리할 수 있어요. 염자나 우주목과 같이 줄기와 잎이 모두 다육인 부류는 물의 저장능력이 높아 속 흙까지 말랐을 때만 아주 가끔 물을 주세요. 성을녀, 무을녀, 애성 등 탑 모양으로 자라는 품종은 아랫잎이 쪼글쪼글해지기 전에 물을 주세요. |

| 휴면기 | 크라술라 속은 겨울이 휴면기이기 때문에 추운 겨울에는 물을 거의 주지 않습니다. |

**번식방법** ── 엽삽과 줄기삽 모두 가능합니다.

**월동온도** ── 관리법처럼 두 부류로 나눌 수 있는데 줄기와 잎에 물을 저장하는 부류는 영상 3℃로 비교적 월동 온도가 높은 편이에요. 반면에 탑 모양의 부류는 0℃ 내외까지는 잘 견딥니다.

# 두들레이아 속
## Dudleya

두들레이아 속 다육식물은 잎 위에 백색 분을 거의 모두 가지고 있어요. 우리나라에서는 그리니 종류라고도 불리죠.

**관리법** ── 겨울이 성장기인 탓에 평소에 너무 자라지 않는다고 걱정해서 분갈이하는 분이 계세요. 그럴 필요 전혀 없습니다.

**휴면기** ── 휴면기는 여름이며 다른 식물과 달리 겨울이 성장기예요. 여름에는 어디가 아픈 듯 볼품없지만, 겨울에는 정말 멋지고 아름다워요.

**번식방법** ── 엽삽이 되지 않는데 그만큼 번식이 어려워요. 두들레이아 속 식물들의 가격이 비싼 것은 이 때문이랍니다.

겨울이 성장기라 그런지 좀 추워도 잘 견딥니다. 베란다에 다육식물이 많다면 좀 더 추운 곳에 두들레이아 속을 두고 키우세요. 0℃까지는 문제없어요. 하지만 영하로 내려가는 날씨에는 안으로 들여 놓는 것이 좋아요.

# 에케베리아 속
## Echeveria

쇠비름과의 에케베리아 속 식물들은 다육식물에서 가장 인기 있는 품종이라고 해도 과언이 아닐 만큼 예쁘고 멋진 모양을 자랑하죠. 대부분 꽃 모양의 잎을 가지고 있는데 여러 품종과 교배종들이 많아서 구별하기 어려울 때도 있어요.

**관리법**

에케베리아 속은 물을 주면 잎 중앙에 물이 모여 구슬처럼 반짝인답니다. 하지만 무더운 여름 아침에 물을 주고 고인 물을 없애지 않으면 빛이 물방울을 투과하여 식물이 화상을 입을 수 있어요. 돋보기 역할을 하는 것이죠. 될 수 있으면 여름에는 아침에 물을 주지 말고, 부득이하게 물을 주어야 한다면 고인 물방울을 없애주세요.

**휴면기**

겨울이 휴면기입니다. 하지만 휴면기라고 해서 다른 다육식물처럼 시들거나 힘없는 모습으로 변하지 않으므로 사계절을 예쁘게 즐길 수 있어요.

**번식방법**

대부분 엽삽이 가능해요. 하지만 잎이 '캉캉치마'처럼 주름이 있는 프릴류(frill)는 줄기삽으로 번식합니다.

<table>
<tr><td>월동온도</td><td>프릴류가 아니면 영하 1~2℃까지 견딜 수 있어요. 아무래도 프릴류는 월동온도가 조금 높은데 0℃도 불안하므로 영상 3℃ 정도로 맞추세요. 베란다에서도 월동할 수 있습니다.</td></tr>
</table>

# 칼랑코에 속
## Kalanchoe

흔히 예쁜 꽃을 자랑하는 칼랑코에들은 칼랑코에 속에 속한 다육식물이에요. 칼랑코에 속에는 보송보송한 털이 예쁜 '월토이'나 넓적한 잎의 '당인' 등도 있으니 같은 속치고는 모양이 참 다양하죠? 칼랑코에는 햇빛을 좋아하고 월동 온도도 영상 5℃ 이상으로 높은 편이에요. 겨울철 실내에 두면 3월경부터 꽃이 피기 시작합니다.

# 파키피툼 속
## Pachyphytum

파키피툼 속 다육식물은 잎이 동그랗고 통통하다는 특징이 있어요. 우리나라에서는 '미인류'라고 부르기도 하는데 파키피툼 속에 유독 '성미인, 도미인, 달마미인…' 등 이름에 미인이 들어간 품종이 많아서랍니다.

비교적 웃자람도 적고 가뭄에도 잘 견뎌요. 한여름 장마 이전에 아랫잎들이 마치 언 것처럼 몇 개씩 떨어질 수 있는데 놀라지 마세요. 장마 준비를 하는 자연스러운 현상이니까요.



겨울이 휴면기지만 휴면기를 따로 알 수 없을 정도로 사계절 모두 아름답습니다. 역시 미인은 다르죠?



대부분 엽삽이 가능해요.



실험결과 영하 2℃까지는 문제없이 견디지만, 저같이 실험할 필요가 없는 여러분은 영상을 유지해 주면서 키우세요.

# 세둠 속
## Sedum

세둠 속은 아주 다양해요. 나무처럼 곧게 자라는 품종도 있고 옆으로 기는 것처럼 자라는 세둠들도 많아요. 꽃에서 향기가 나는 품종도 있답니다. 대부분 잎 끝에서 폭죽이 터지 듯 노란색이나 하얀색의 꽃을 피웁니다. '스와베오렌스'나 '라울' 같은 품종은 세둠이 아닐 것 같지만 세둠이에요.

| 관리법 | 습기가 많으면 물러버리고 대부분 건조한 상태에서 잘 자랍니다. 일반적인 다육식물 관리법과 동일하게 관리합니다. 다만 세둠 속 중에서도 '소송록'은 일반 관엽식물처럼 윗흙이 마르면 물을 주세요. |

**관리법** — 습기가 많으면 물러버리고 대부분 건조한 상태에서 잘 자랍니다. 일반적인 다육식물 관리법과 동일하게 관리합니다. 다만 세둠 속 중에서도 '소송록'은 일반 관엽식물처럼 윗흙이 마르면 물을 주세요.

**휴면기** — 세둠 속은 휴면기가 여름인 것과 겨울인 것이 있습니다.

**번식방법** — 엽삽이 되는 품종도 있지만 주로 줄기삽으로 번식합니다.

**월동온도** — 세둠 속은 대부분 겨울의 추위도 잘 견딘다고 알려졌어요. 하지만 영상 3℃ 이상의 환경에서 키울 것을 권장합니다.

# Cucurbitaceae

박과



# Didiereaceae

디디에레아과



# Euphorbiaceae

대극과



# Gesneriaceae

제스네리아과



# Piperaceae

후추과

## 녹태고

*Xerosicyos danguyi*

**번식** 줄기

두툼하고 단단한 잎이 동그란 모양이다.

## 은행목

*Portulacaria afra*

**번식** 줄기

초록색 식물이며 물들지 않는다. 크게 고목처럼 기를 수도 있다.

## 사랑목

*Portulacaria afra* cv.



은행목의 또 다른 변이종으로 잎 가운데에 노란 무늬가 있다. 초록색과 노란색이 적당히 섞여있다.

## 무늬은행목

*Portulacaria afra* 'Variegata'

다른 이름 아악무
번식 줄기

은행목의 변이종으로 잎 가장자리에 노란 무늬가 있고 줄기가 붉은색이다. 서지 않는 품종이다.

# 녹비단

*Portulacaria molokiensis*

**꽃색** 노랑   **번식** 줄기
낮은 온도에 약하다. 영상 10℃ 이상으로 겨울을 나야 한다.

**Euphorbia**

# 홍기린

*Euphorbia enopla*

**번식** 자구
선인장 모양의 식물이다. 비슷한 식물로는 '구갑기린'과 '백각기린'
등이 있다.

## 아미산

*Euphorbia* 'Gabizan'

**다른 이름** 군사환, 화미산
**꽃색** 분홍   **번식** 잎, 씨앗, 줄기, 자구
소형종으로 인기가 많다. 자구들이 많이 달리면 더욱 귀엽다.

## 오베사

*Euphorbia obesa*

**꽃색** 노랑   **번식** 씨앗
암수가 따로 있는 식물이다. 평소에는 구분이 어렵고 꽃이 피면 꽃
모양으로 구분한다.

# 홍채각

*Euphorbia trigona* 'Rubra'

**다른 이름** 홍엽채운각
**번식** 줄기
붉은빛으로 물든다. 겨울에는 잎이 떨어지고 봄이 되면 다시 잎이
나온다.

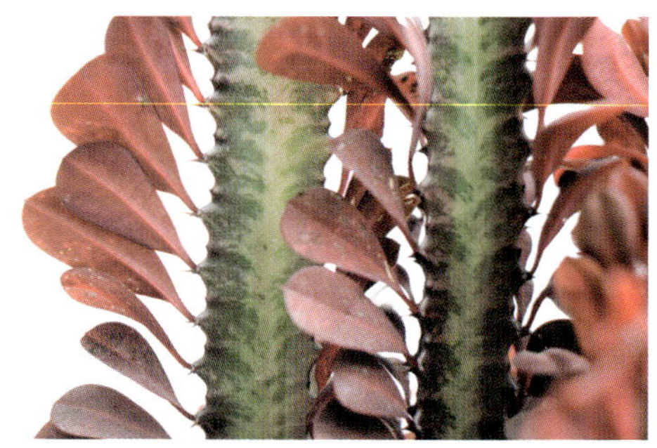

Monadenium

# 리트키에이

*Monadenium ritchiei*

**다른 이름** 리치아이
**꽃색** 분홍　**번식** 줄기
겨울에는 잎을 떨구고 봄에 새싹을 올린다. 봄에 분홍꽃이 핀다.

## 단애의 여왕

*Sinningia leucotricha*

**꽃색** 주홍　**번식** 씨앗

알뿌리 식물이다. 새 잎이 나올 때에는 신기하고 예쁘다. 붉은 꽃이 피는데 꽃까지 털이 나 있다. 꽃을 본 후에 잎을 자르면 다시 꽃이 피기도 한다. 겨울에는 잎이 없고 여름에만 잎이 난다. 가을에 잎을 잘라야 이듬해 새잎이 나올 때 튼튼한 싹이 나온다.

## 캑터스빌

*Peperomia* 'Cactusville'

잎의 모양이 특이하다. 추위와 더위 모두 약하다.

# 그라베오렌스

*Peperomia graveolens*

**꽃색** 백색    **번식** 줄기

잎의 앞뒤의 색이 다르다. 추위와 더위에 모두 약하다.

# Xanthorrhoeaceae

(Aloaceae) 알로에과

# 불야성금
*Aloe mitriformis* 'Variegata'

**꽃색** 분홍   **번식** 자구번식

'불야성'에 금색이 들어있는 품종이다. 일반 '불야성'은 초록색이다.
꽃대를 높이 올리고 분홍빛의 꽃을 여러 송이 피운다. 자구(줄기에
달리는 작은 개체)를 떼어 번식한다.

# 천대전금
*Aloe variegata*

**꽃색** 분홍   **번식** 자구번식

계절 간 색 변화 없다. 잎에 얼룩 무늬가 있다. 꽃대를 높이 올리고
분홍빛의 꽃을 여러 송이 피운다.

## 소구희

*Gasteria bicolor* var. *liliputana*

**꽃색** 주홍　**번식** 자구번식

계절 간 색 변화가 없다. 미니종으로 사랑받는 품종이다. 꽃대를 높이 올리고 분홍빛의 꽃을 여러 송이 피운다.

## 베루코사

*Gasteria carinata* var. *verrucosa*

**다른 이름** 백청용
**꽃색** 주홍　**번식** 자구번식

계절 간 색 변화가 없다. 잎에 돌기가 있어 입체감이 있다. 꽃대를 높이 올리고 분홍빛의 꽃을 여러 송이 피운다.

Xanthorrhoeaceae (Aloaceae)　A-G

## 미니호권금

*Gasteria gracilis* var. *minima variegata*

**다른 이름** 미니자보, 소형자보금
**꽃색** 분홍    **번식** 자구번식
아주 작은 미니종으로 인기 있는 무늬종이다. 꽃대를 높이 올리고
분홍빛의 꽃을 여러 송이 피운다.

## 무늬호권

*Gasteria gracilis* 'Variegata'

**다른 이름** 은자보
**꽃색** 주홍    **번식** 자구번식
잎에 무늬가 있고 잎에 백색털이 있는 것처럼 보인다. 꽃대를 높이
올리고 분홍빛의 꽃을 여러 송이 피운다.

금

## 공룡

*Gasteria pillansii*

**다른 이름** 필란시, 우설전
**꽃색** 주홍   **번식** 자구번식
반그늘에서 기를 수 있는 품종이다. 꽃대를 높이 올리고 분홍빛의
꽃을 여러 송이 피운다.

## 자보

*Gasteria pillansii* var. *ernsti-ruschii*

**꽃색** 분홍   **번식** 자구번식
잎에 도트 무늬가 있다. 꽃대를 높이 올리고 분홍빛의 꽃을 여러 송
이 피운다.

## 옥로

*Haworthia cooperi* 'Pilifera'

**꽃색** 백색바탕회색줄무늬　**번식** 자구번식
잎 끝이 투명한 것이 특징이다. 꽃대를 높이 올리고 백색의 작은 꽃
을 피운다.

## 보초금

*Haworthia cymbiformis* 'Variegata'

**다른 이름** 경화금
**꽃색** 백색바탕회색줄무늬　**번식** 자구번식
식물의 잎에 젤리 같은 물이 들어있다. 꽃대를 높이 올리고 백색의
작은 꽃을 피운다.

### 십이지권

*Haworthia fasciata*

**꽃색** 백색바탕회색줄무늬  **번식** 자구번식
잎의 뒷면에 백색선이 입체적으로 있다. 꽃대를 높이 올리고 백색의
작은 꽃을 피운다. 하워르티아속은 반그늘에서 길러도 좋다.

### 유리전

*Haworthia limifolia* 'Striata'

**꽃색** 백색바탕회색줄무늬  **번식** 자구번식
꽃대를 높이 올리고 백색의 작은 꽃을 피운다. 마치 프라스틱 같이
딱딱한 질감이다.

# 만상

*Haworthia maughanii*

**꽃색** 백색바탕회색줄무늬  **번식** 자구번식
잎 끝의 창모양과 무늬에 따라 이름을 다르게 부여한다. 무늬에 따른
종류가 많다. 꽃대를 높이 올리고 백색의 작은 꽃을 피운다.

# 오브투사

*Haworthia cymbiformis* var. *obtusa*

**다른 이름** 미니보초
**꽃색** 백색바탕회색줄무늬  **번식** 자구번식
소형종이며 잎 끝의 창이 투명하다. 꽃대를 높이 올리고 백색의 작
은 꽃을 피운다.

## 용발톱

*Haworthia reinwardtii*

**꽃색** 백색바탕회색줄무늬　**번식** 자구번식
용의 발톱 모양으로 딱딱하다. 꽃대를 높이 올리고 백색의 작은 꽃을 피운다.

## 수

*Haworthia retusa*

**꽃색** 백색바탕회색줄무늬　**번식** 자구번식
잎 끝의 무늬가 이름 그대로 빼어나다. 볕에 두면 잎의 색이 검게 변한다. 꽃대를 높이 올리고 백색의 작은 꽃을 피운다.

## 옥선

*Haworthia truncata*

**꽃색** 백색바탕회색줄무늬  **번식** 자구번식
잎의 정렬이 일자인지 잎 끝의 창에 어떤 무늬가 있는지에 따라 이름과 가격이 다르며 종류가 수백 종에 이른다. 꽃대를 높이 올리고 백색의 작은 꽃을 피운다.

## 정고

*Haworthia truncata* × *Haworthia retusa*

**꽃색** 백색바탕회색줄무늬  **번식** 자구번식
잎의 배열이 불규칙하다. 잎이 단단한 프라스틱 질감을 가지고 있다. 꽃대는 높이 자라고 백색의 작은 꽃을 피운다.

## 용린

*Haworthia venosa* subsp. *tessellata*

**꽃색** 백색바탕회색줄무늬　**번식** 자구번식

마치 용의 비늘처럼 잎에 독특한 무늬가 있어 강한 개성을 느낄 수 있다. 꽃대를 높이 올리고 백색의 작은 꽃을 피운다.

## 청운무

*Haworthia vittata*

**꽃색** 백색바탕회색줄무늬　**번식** 자구번식

잎 끝이 뾰족하고 투명하다. 볕을 많이 보여 주면 분홍빛으로 물든다. 꽃대를 높이 올리고 백색의 작은 꽃을 피운다.

겨울색

# 원종희의
# 다육식물 Know-how

## 알로에 속
### Aloe

알로에 속은 우리나라에서 식용 및 약용으로 널리 쓰이는 다육식물이에요. 다육식물이라는 용어가 널리 알려지지 않아 대부분 선인장이라고 불렸죠. 알로에 속의 식물들은 그늘에 두었다가 갑자기 빛에 내어 놓으면 검게 변하거나 희게 변하는데 일시적인 현상일 뿐, 빛이 많으면 다시 건강하게 자랍니다. 식용으로 쓰이는 알로에 베라와 알로에 사포나리아, 알로에 아르보레스켄스 등 대형 종이 인기 있지만 반면 원예종으로는 작은 것들이 인기를 누리고 있어요.

## 하워르티아 속
### Haworthia

옹기종기 모인 잎들이 옆으로 새로운 잎을 만들어가며 크는 하워르티아 속은 흙 위에 바짝 붙어서 자라기 때문에 줄기가 수형을 만드는 품종은 거의 없어요. 옵투샤 등의 몇 가지 품종은 투명하고 통통한 잎에서 신비한 색을 나타내요. 반면에 '수'나 '정고'와 같은 품종은 딱딱한 모습을 하고 있어 대조되지요.

관리법 ——————— 하워르티아 속은 다육식물 중 유일하게 반그늘에서 자라는 품종이에요. 빛에 자주 보여
주어야 하는 부담이 적어 집안에서도 키우기 편합니다. 빛에 심하게 노출되면 색이 검
게 변할 수 있어요. 하지만 그늘에 두면 다시 회복되니 너무 걱정하지 마세요. 습기가
많은 곳은 절대 사절. 건조하게 키워주세요.

휴면기 ——————— 대부분의 속들처럼 겨울이 휴면기입니다.

번식방법 ——————— 엽삽은 되지 않고 뿌리 쪽 줄기에서 새로운 개체가 생기면서 번식합니다. 번식이 굉장
히 빠르고 왕성해요.

월동온도 ——————— 잎에 물이 많으므로 영하 날씨는 견딜 수 없습니다. 영상 3℃ 이하로 내려가지 않게 관
리하세요.

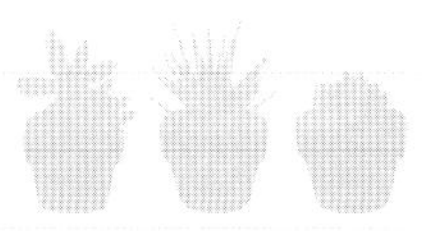

# Index

# F

## X



## T

# 한글

# 우 리 집
# 다육식물
# 이름알기

초판 1쇄 발행  2013년 03월 20일
초판 3쇄 발행  2018년 06월 01일

**지은이**　　　　원종희(자운영), 월간 플로라 편집부
**감수**　　　　　윤평섭
**펴낸이**　　　　이지영

**사진 · 편집**　　이종택
**디자인**　　　　이은경

**펴낸곳**　　　　도서출판 플로라
**등록**　　　　　2010년 9월 10일 제 2010-24호
**주소**　　　　　경기도 파주시 회동길 325-22
**전화**　　　　　02-323-9850
**팩스**　　　　　02-6008-2036
**대표메일**　　　flowernews24@naver.com

ISBN 978-89-969985-0-1 13480